日本朝日新闻出版 著

贺璐婷　刘思琦　刘梅　王盈盈 译

显生宙新生代 1

专家导读

冯伟民先生是南京古生物博物馆的馆长，是国内顶尖的古生物学专家。此次出版“46亿年的奇迹：地球简史”丛书，特邀冯先生及其团队把关，严格审核书中的科学知识，并作此篇导读。

“46亿年的奇迹：地球简史”是一套以地球演变为背景，史诗般展现生命演化场景的丛书。该丛书由50个主题组成，编为13个分册，构成一个相对完整的知识体系。该丛书包罗万象，涉及地质学、古生物学、天文学、演化生物学、地理学等领域的各种知识，其内容之丰富、描述之细致、栏目之多样、图片之精美，在已出版的地球与生命史相关主题的图书中是颇为罕见的，具有里程碑式的意义。

“46亿年的奇迹：地球简史”丛书详细描述了太阳系的形成和地球诞生以来无机界与有机界、自然与生命的重大事件和诸多演化现象。内容涉及太阳形成、月球诞生、海洋与陆地的出现、磁场、大氧化事件、早期冰期、臭氧层、超级大陆、地球冻结与复活、礁形成、冈瓦纳古陆、巨神海消失、早期森林、冈瓦纳冰川、泛大陆形成、超级地幔柱和大洋缺氧等地球演变的重要事件，充分展示了地球历史中宏伟壮丽的环境演变场景，及其对生命演化的巨大推动作用。

除此之外，这套丛书更是浓墨重彩地叙述了生命的诞生、光合作用、与氧气相遇的生命、真核生物、生物多细胞、埃迪卡拉动物群、寒武纪大爆发、眼睛的形成、最早的捕食者奇虾、三叶虫、脊椎与脑的形成、奥陶纪生物多样化、鹦鹉螺类生物的繁荣、无颌类登场、奥陶纪末大灭绝、广翅鲎的繁荣、植物登上陆地、菊石登场、盾皮鱼的崛起、无颌类的繁荣、肉鳍类的诞生、鱼类迁入淡水、泥盆纪晚期生物大灭绝、四足动物的出现、动物登陆、羊膜动物的诞生、昆虫进化出翅膀与变态的模式、单孔类的诞生、鲨鱼的繁盛等生命演化事件。这还仅仅是丛书中截止到古生代的内容。由此可见全书知识内容之丰富和精彩。

每本书的栏目形式多样，以《地球史导航》为主线，辅以《地球博物志》《世界遗产长廊》《地球之谜》和《长知识！地球史问答》。在《地球史导航》中，还设置了一系列次级栏目：如《科学笔记》注释专业词汇；《近距直击》回答文中相关内容的关键疑问；《原理揭秘》图文并茂地揭示某一生物或事件的原理；《新闻聚焦》报道一些重大的但有待进一步确认的发现，如波兰科学家发现的四足动物脚印；《杰出人物》介绍著名科学家的相关贡献。《地球博物志》描述各种各样的化石遗痕；《世界遗产长廊》介绍一些世界各地的著名景点；《地球之谜》揭示地球上发生的一些未解之谜；《长知识！地球史问答》给出了关于生命问题的趣味解说。全书还设置了一位卡通形象的科学家引导阅读，同时插入大量精美的图片，来配合文字解说，帮助读者对文中内容有更好的理解与感悟。

因此，这是一套知识浩瀚的丛书，上至天文，下至地理，从太阳系形成一直叙述到当今地球，并沿着地质演变的时间线，形象生动地描述了不同演化历史阶段的各种生命现象，演绎了自然与生命相互影响、协同演化的恢宏历史，还揭示了生命史上一系列的大灭绝事件。

科学在不断发展，人类对地球的探索也不会止步，因此在本书中文版出版之际，一些最新的古生物科学发现，如我国的清江生物群和对古昆虫的一系列新发现，还未能列入到书中进行介绍。尽管这样，这套通俗而又全面的地球生命史丛书仍是现有同类书中的翘楚。本丛书图文并茂，对于青少年朋友来说是一套难得的地球生命知识的启蒙读物，可以很好地引导公众了解真实的地球演变与生命演化，同时对国内学界的专业人士也有相当的借鉴和参考作用。

冯伟民

2020 年 5 月

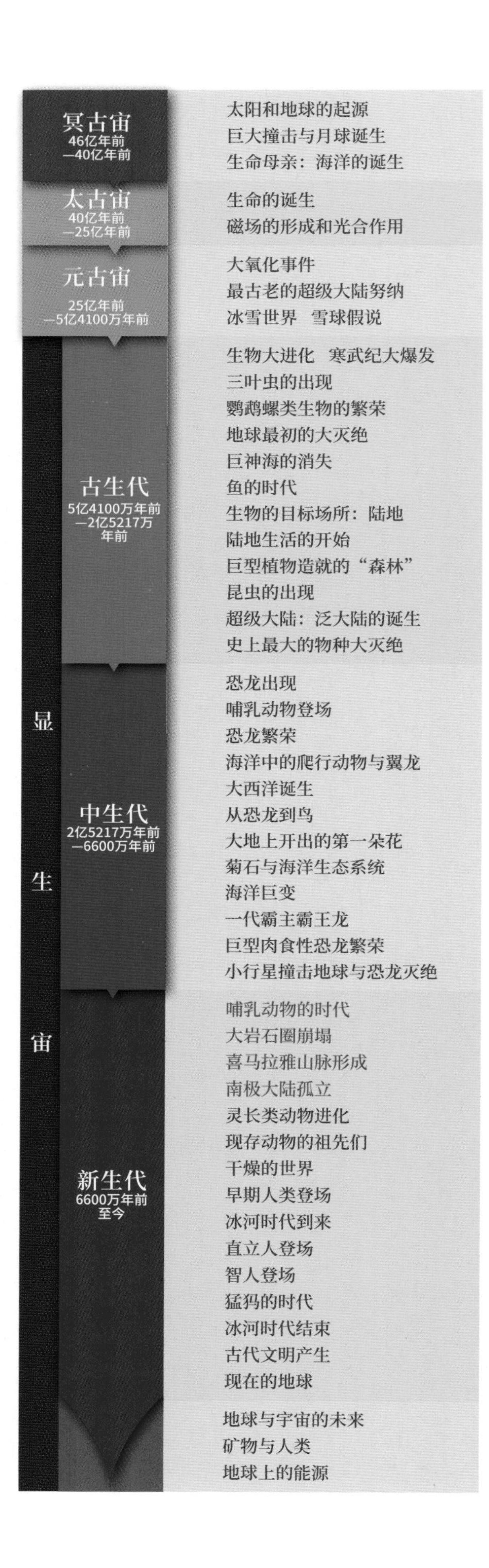
冥古宙
46亿年前
—40亿年前
太阳和地球的起源
巨大撞击与月球诞生
生命母亲：海洋的诞生
太古宙
40亿年前
—25亿年前
生命的诞生
磁场的形成和光合作用
元古宙
25亿年前
—5亿4100万年前
大氧化事件
最古老的超级大陆努纳
冰雪世界 雪球假说
显生宙
古生代
5亿4100万年前
—2亿5217万
年前
生物大进化 寒武纪大爆发
三叶虫的出现
鹦鹉螺类生物的繁荣
地球最初的大灭绝
巨神海的消失
鱼的时代
生物的目标场所：陆地
陆地生活的开始
巨型植物造就的“森林”
昆虫的出现
超级大陆：泛大陆的诞生
史上最大的物种大灭绝
中生代
2亿5217万年前
—6600万年前
恐龙出现
哺乳动物登场
恐龙繁荣
海洋中的爬行动物与翼龙
大西洋诞生
从恐龙到鸟
大地上开出的第一朵花
菊石与海洋生态系统
海洋巨变
一代霸主霸王龙
巨型肉食性恐龙繁荣
小行星撞击地球与恐龙灭绝
新生代
6600万年前
至今
哺乳动物的时代
大岩石圈崩塌
喜马拉雅山脉形成
南极大陆孤立
灵长类动物进化
现存动物的祖先们
干燥的世界
早期人类登场
冰河时代到来
直立人登场
智人登场
猛犸的时代
冰河时代结束
古代文明产生
现在的地球
地球与宇宙的未来
矿物与人类
地球上的能源

CONTENTS
目录

CONTENTS

目录

哺乳动物的时代

6600万年前—5600万年前

[新生代]

新生代是指从6600万年前开始持续至今的时代。在这一时期，哺乳动物、鸟类以及被子植物等取代中生代的恐龙，迎来了全盛时期。不久，在它们之中，一个新的角色隆重登场，那就是我们——人类。

第 3 页　图片 / PPS
第 4 页　图片 / PPS
第 6 页　插画 / 月本佳代美
第 7 页　插画 / 斋藤志乃
第 9 页　插画 / 伊藤晓夫
第 10 页　插画 / 伊藤晓夫
照片 / 日本国立科学博物馆
照片 /PPS
第 11 页　插画 / 加藤爱一 / 冈本泰子
照片 / PPS
第 12 页　图表 / 科罗拉多高原地球系统公司
照片 / PPS
照片 / 照片图书馆
第 13 页　照片 / 冨田幸光
图表 / 冨田幸光
第 14 页　图表 / 加藤爱一
照片 / PPS
第 17 页　插画 / 木下真一郎
照片 / PPS
第 18 页　图表 / 三好南里
照片 / PPS
第 19 页　本页照片均由 PPS 提供
插画 / 三好南里
第 21 页　插画 / 伊藤晓夫
照片 / 照片图书馆
第 22 页　照片 / 高井正成
照片 / 日本国立科学博物馆
照片 / 高井正成
第 23 页　图表 / 三好南里
照片 / PPS
第 24 页　本页照片均由 PPS 提供
插画 / 三好南里
第 25 页　插画 / 木下真一郎
第 26 页　图表 / 斋藤志乃
照片 / PPS
照片 / OPO
第 27 页　本页照片均由 PPS 提供
第 28 页　照片 / PPS
照片 / PPS
照片 / Aflo
照片 / Aflo
第 29 页　照片 / 盖蒂图片社
第 30 页　照片 / PPS
照片 / 联合图片社
第 31 页　照片 / Aflo
照片 / 123RF
地图 / C-MAP
第 32 页　照片 /PPS
照片 /123RF
照片 /PPS
照片 / 阿拉米图库
照片 /PPS

代	纪	世	时间（万年前）
新生代	第四纪	全新世	现今～1.17
		更新世	1.17～258
	新近纪	上新世	258～533
		中新世	533～2303
	古近纪	渐新世	2303～3390
		始新世	3390～5600
		古新世	5600～6600（万年前）

—顾问寄语—

国立科学博物馆地学研究部部长　**富田幸光**

古近纪古新世，恐龙的威胁突然消失了，曾经“生活在恐龙的阴影里”的哺乳动物一下子涌入了白天的世界，并在大型化的同时变得多样化。

然而，这一时期出现的许多类群，在生存竞争中败给了后来出现并繁盛至今的类群，没能逃过在始新世灭绝的命运。

通往人类的演化之路从这里开始

来自宇宙的陨石撞击终结了恐龙时代。侥幸存活下来的哺乳动物忽然发现，在它们眼前，是大量由恐龙留下的空缺的生态位。从前迫于恐龙的淫威，哺乳动物不得不选择昼伏夜出，如今它们终于可以轻易地在白天出来活动了。于是它们开始向大型化发展，并在适应食物和环境的同时变得多样化。在那之中，有部分成员将在不久后进化为被称为“灵长类”的物种。在古新世（6600万年前—5600万年前）时期，哺乳动物上演了反击的第一幕。

美国新墨西哥州圣胡安盆地的荒原

在这一带，从恐龙繁盛的白垩纪晚期到跨越K-Pg界线后的古近纪古新世，多个时期的地层连续露出，且有化石出土。这片荒原能唤醒恐龙时代过渡到哺乳动物时代的地球记忆，并提供各种相关的线索。

突然到来的主角更替

一天，伴随着隆隆巨响，巨大的火球从天而降。此后不久，当生活在树上的小型哺乳动物来到一片死寂的地面上时，昔日霸主——恐龙的身影不见了，取而代之的是惨不忍睹的累累尸骨。“那些巨型统治者似乎不见了”。距离哺乳动物最初登场已经过去了约 1 亿 4000 万年。终于，弱小的它们等来了成为主角的时刻……

普尔加托里猴
三角龙的骸骨

幸存下来的哺乳动物

在没有恐龙的世界里 哺乳动物的多样化开始了

从白垩纪末的大灭绝事件中逃过一劫后，哺乳动物占据了此前恐龙留下的众多生态位，并出现了爆炸式的辐射进化。古新世是它们发生第一次『适应辐射』的时代。

跑龙套的时间越长，成为主角时的喜悦也就越多吧！

从恐龙这一威胁中得到解放的哺乳动物

6600 万年前，一颗小行星撞在了地球上，从此，生物们的生存环境发生了天翻地覆的变化。这次撞击事件不仅引起了森林火灾，还诱发了持续数日乃至数年的酸雨，在此基础上，因撞击而释放到空中的尘埃、烟灰等遮蔽了阳光，导致气温下降……在种种因素的作用下，食物链崩溃，全球 70% 的物种就此灭绝。连曾经统治地球长达 1 亿多年的陆地霸主，繁盛之极的恐龙也逐渐消失，并最终灭绝。

然而，哺乳动物幸存了下来。它们虽然也损失惨重，但还没有到灭绝的程度。这些跨过 K-Pg 界线的幸存者们，将生命的火种延续了下来。而恐龙，它们曾经最大的威胁，早已不见了踪影。在恐龙的淫威下，战战兢兢、屏息生活的时代结束了。过去以昼伏夜出为主的哺乳动物，如今白天也能出来活动了。渐渐地，它们的活动范围也得到了拓展。

就这样，拥有胎盘的哺乳动物——真兽类——成为陆地新主角的时代来了。它们像是要填满恐龙灭绝后留下的空缺生态位似的，开始了各式各样的进化。

古近纪古新世的森林景象

在位于北美大陆西部的蒙大拿州克瑞兹山脉的古新世地层中出土了树栖动物羽齿兽（左）和古中兽的化石。羽齿兽身长15～20厘米。它们的大拇指生长在适于抓握的位置，这是擅长爬树的特征。此外，它们还能将尾巴缠绕在物体上。古中兽身长约50厘米，拥有钩爪，看起来也是爬树高手。

这种虫食性哺乳动物的犬齿也很发达。

东方蕾贫齿兽
| *Ernanodon antelios* |
古新世晚期登场的虫食性哺乳动物。其化石出土于中国广东省。据推测，它们能够用发达的前肢挖开地面，以蚂蚁、白蚁以及小型无脊椎动物为食。身长约60厘米。

现在我们知道！

新生代哺乳动物的第一次适应辐射是指？

在剧烈的环境变化中，连昔日的陆地霸主，最强的恐龙都被逼到了灭绝的境地，弱小的哺乳动物是怎么挺过来的呢？研究认为，正是因为体型小，它们才得以逃过一劫。

幸亏体型小

体型庞大的生物如果吃得不够多，就会无法维持身体机能。比如，大型肉食恐龙暴龙，体重预计为6吨，每顿需要吃掉约60千克的肉。在众多生物死亡、食物链崩溃的情况下，要保证每次都能找到这么多食物，恐怕是不可能的。也就是说，大型动物有着更容易受环境变化影响的弱点。

与之相对，当时，大部分哺乳动物的体型都只有老鼠那么大。体型小，意味着能够灵活应变地寻找食物，以叶子和树根等充饥，即使只摄入少量营养也可以勉强度日。此外，它们还能在地上挖洞栖身，或躲在树桩子后面，从而避开了雨水和严寒。

就这样，哺乳动物幸存了下来。而与此同时，在大灭绝事件的作用下，曾经以恐龙为主的爬行动物所占据的众多生态位空了出来。于是，像是要取恐龙而代之似的，幸存下来的哺乳动物的子孙们不约而同地开始多样化发展。发生在古新世的这次哺乳动物的多样化进程，被称为新生代哺乳动物的“第一次适应辐射”。

古新世化石产地　美国蒙大拿州克瑞兹山脉周边
这一带因多产古新世哺乳动物的化石而闻名。1902年，古生物学家道格拉斯等人在这里发现了羽齿兽的化石。

为适应食物而发生的牙齿的进化

繁盛于古新世的较有代表性的哺乳动物，可根据食性分为三大类：

牙齿形状因食物而异

古新世的哺乳动物发生了多种多样的演化。随着食物的不同，它们的牙齿也特殊化了。在这里，我们主要以上颌臼齿的咬合面及下颌臼齿的外侧面为例，对虫食性、植食性和肉食性哺乳类的牙齿进行一下比较。

肉食性

主要以哺乳类及鸟类为食

拟狐兽的臼齿

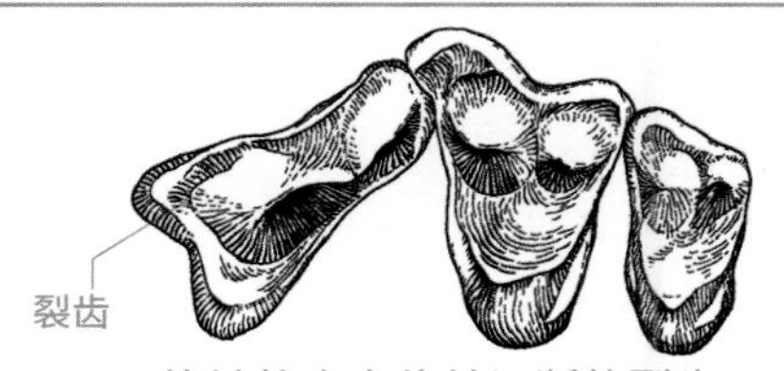

能够将肉夹住并切断的裂齿

用裂齿将肉切断，用大臼齿碾碎

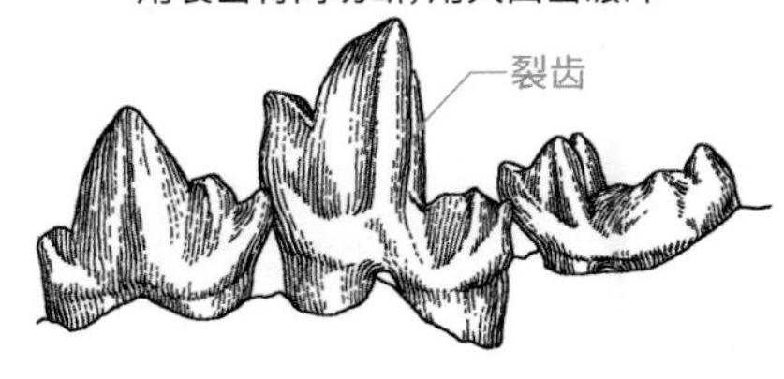

植食性

主要以树叶及树根为食

四尖齿兽的臼齿

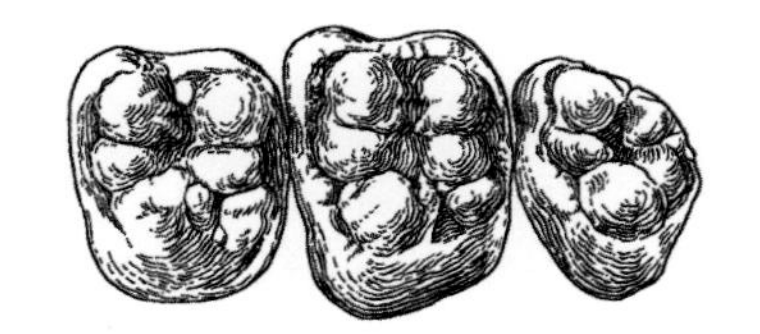

有许多低低的突起

即使高纤维的食物也能够完全碾碎

虫食性

主要以昆虫、幼虫及蚯蚓等为食

白垩掠兽的臼齿

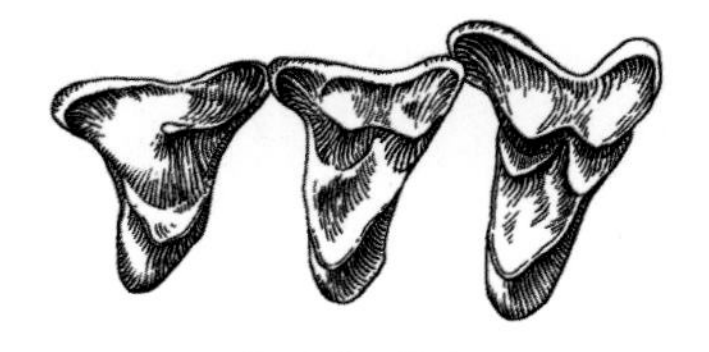

齿尖相当高

具备咬碎和碾磨的功能

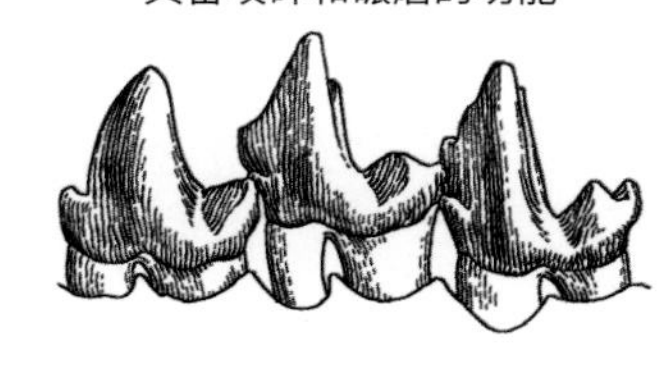

虫食性、植食性和肉食性哺乳类。“虫食性”哺乳类主要以昆虫及其幼虫、蚯蚓等为食，包括原真兽类及盲缺类等。“植食性”哺乳类主要以树叶、根和块茎[注1]等为食，包括多瘤齿兽类、踝节类、纽齿类、全齿类、裂齿类和恐角类等。“肉食性”哺乳类，如肉齿类和食肉类则主要捕食包括前两者在内的哺乳动物（参见第 14 至 15 页的系统图）。以上三者之中，植食性类群的体型急剧大型化。原蹄兽（踝节类）等的体型超过了 1 米。而在头部多有角状突起的恐角类家族中，甚至出现了全长达 3 米的原恐角兽。

随着食物的改变，牙齿的形状也会改变。尤其是臼齿[注2]的局部会因食性不同而发生特殊化，因此很容易看出区别。虫食性哺乳动物的大臼齿从侧面看有高低不同的齿尖，即使虫子坚硬的外骨骼[注3]也能咬破嚼碎。而植食性哺乳动物的臼齿表面则有许多低低的突起，碾碎含大量纤维的树根也不在话下。

说到肉食性哺乳动物的牙齿特征，我们首先想到的往往是给猎物致命一击的尖锐犬齿，但实际上，还有比犬齿更重要的部分，那就是裂齿。裂齿是臼齿的一种，拥有像剪刀一样锋利的齿尖，上下颌各有一颗成一对，左右对称，咬合时能够夹住猎物的肉并将其切断。虽然同为肉食性真兽类，食肉类和肉齿类的裂齿位置却有所不同。食肉类的裂齿为上颌第四小臼齿和下颌第一大臼齿。而肉齿类的裂齿比食肉类更靠后一颗，由上颌的第一大臼齿和下颌的第二大臼齿组成，不过也存在上颌第二大臼齿与下颌第三大臼齿的情况。

肉食性哺乳动物登场于古新世晚期（约 5900 万年前），略晚于虫食性和植食性哺乳动物。在这一时期，新的捕食者——肉食性的恐鸟类也登场了。虫食性和植食性哺乳动物的生活从此被阴云笼罩。

假如 如果恐龙没有灭绝，哺乳动物会怎么样？

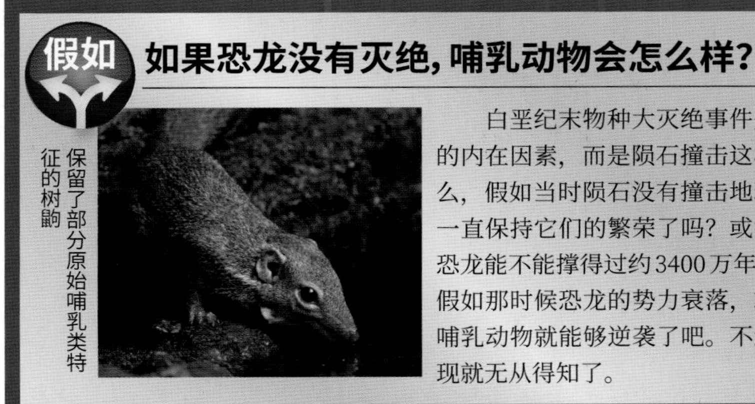

保留了部分原始哺乳类特征的树鼩

白垩纪末物种大灭绝事件并非源于生物自身的内在因素，而是陨石撞击这样的偶发事件。那么，假如当时陨石没有撞击地球，恐龙不就可以一直保持它们的繁荣了吗？或许如此，但也得看恐龙能不能撑得过约3400万年前的全球寒冷化。假如那时候恐龙的势力衰落，或许具备内温性的哺乳动物就能够逆袭了吧。不过，人类会不会出现就无从得知了。

幸存下来的哺乳动物

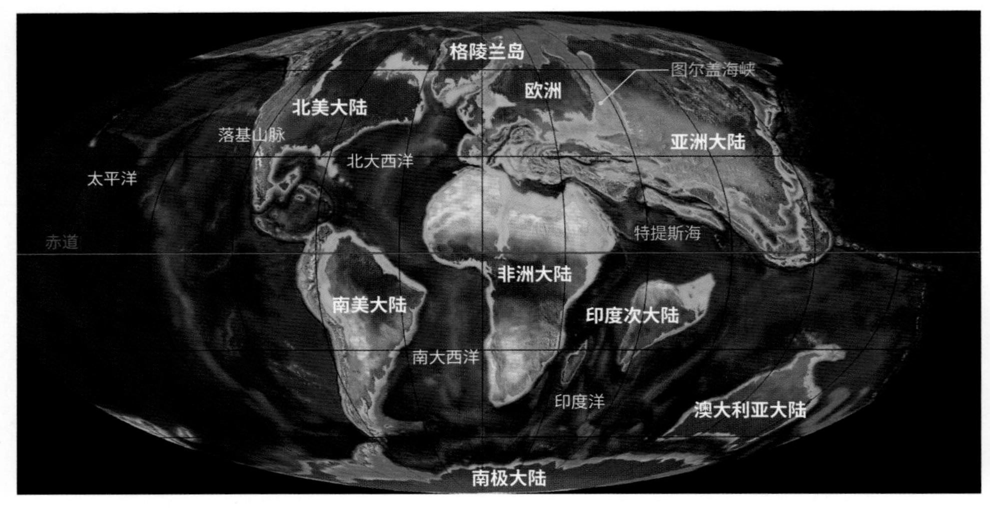

古新世初期的大陆分布

左图为约 6500 万前的大陆分布情况。北美大陆和南美大陆直到约 300 万年前都是分开的，中间隔着北大西洋。亚洲大陆和欧洲之间则隔着图尔盖海峡。

繁盛于南美的有袋类

研究认为，从白垩纪时期开始，有袋类就已经在南美大陆上生活。进入古新世之后，它们的数量有所减少，但至今依然存活在地球上。

不过，话说回来，进入古新世后 600 万年左右的时间里，虫食性和植食性哺乳动物着实享受了一段几乎没有天敌的乐园般的日子。

然而，这些在古新世时期发生了广泛适应辐射的哺乳动物，在进入紧接着的始新世之后灭绝了大半。而在始新世新登场的类群中，则有不少成了存活至今的哺乳动物的祖先。

南美大陆特有的哺乳动物

观察古新世地球的大陆板块分布情况会发现，南美大陆和北美大陆是分开的。这一时期的南美大陆与南极大陆相连，但与北美大陆并不相连，这种情况一直持续到约 300 万年前的上新世晚期。在这段时间里，哺乳动物发生了独特的进化。

除了白垩纪时期就已经在南美洲繁衍生息的有袋类和异关节类以外，还有一类哺乳动物也被认为是南美特有的哺乳类的祖先之一。它们就是于白垩纪末，从北美洲迁徙而来的踝节类的成员。

当时，南美洲和北美洲曾短暂地连在一起，于是就有部分踝节类动物来到了南美洲。它们发生了进化，于是，南美大陆独有的哺乳动物在新生代接连登场。

比如，以长着大象鼻子的大弓齿兽为代表的滑距骨类，以象牙型的犬齿及貘一样的鼻子为特征的闪兽类，以及南方有蹄类、焦兽类和异蹄类等。研究认为，这些哺乳动物都是 7000 万年前迁徙而来的植食性踝节类的后代。它们的多样化进程开始于古新世。不过，这些哺乳动物也没能逃过灭绝的命运，现在已经看不到了。在恐龙灭绝后的古新世，各种哺乳动物接连登场，像做实验似的，占据了多种多样的生态位。然而，它们中的大多数还是被登场于始新世的第二次适应辐射的新型哺乳动物以及之后出现的类群彻底取代，并最终走向了灭绝。

科学笔记

【块茎】 第11页 注1
植物的地下茎的一种。就像土豆和芋头那样，位于地下的一部分茎贮藏着淀粉等物质，膨大成块状。

【臼齿】 第11页 注2
在大部分哺乳动物的齿列中，位于犬齿后侧的牙齿。臼齿分两种，靠前的是小臼齿，位于后方的是大臼齿，主要用于咀嚼和研磨食物。

【外骨骼】 第11页 注3
覆盖在动物身体表面的壳等坚硬的外部构造，例如贝类、甲壳类、昆虫类、多足类等的外壳。这些外壳发挥着防御外敌，保护和支撑身体等作用。甲壳类和昆虫类的身体完全由外骨骼包裹，因此，它们在成长的过程中需要定期蜕皮。

新闻聚焦

第二次适应辐射在古新世就开始了？

美国学者莫林·奥利里及其团队发表的一篇研究报告指出，对已成为化石的哺乳动物和现存哺乳动物的解剖学特征及基因进行分析，结果显示，存活至今的哺乳动物的最初类群出现于古新世初期的数十万年间。如果是这样的话，新生代哺乳动物的第二次适应辐射不就几乎和第一次发生在同一时期了吗？

马的起源也要往前推1000万年左右？

兔科全属的系统解析

奄美黑兔的祖先

20 多年前，中国研究界的同僚告诉我，他们发现了大量奄美黑兔的祖先属——上新五褶兔的化石，并邀请我参与研究。我欣然答应，接受了这个邀约。随后，我数次往返北京的研究所，完成了对这些化石的研究，还在过程中收获了两个新的研究课题。

其一，我在美国读博时，在博士论文中用到过的一颗兔牙，居然与这次在中国发现的上新五褶兔属中最古老的种类有着相当近的亲缘关系。在美国，那枚化石被归到了另一个系统下的阿兹特兰兔属，但我从读研究生时就觉得它有点像奄美黑兔，这个印象挥之不去。后来，我得知这一种类的化石在美国西南部的第四纪更新世（约 258 万年前—1 万年前）的地层中被大量发现，相关研究也基本接近尾声，想着得赶紧整理出论文才行。

其二，我试图将与奄美黑兔亲缘较近的现代属和已灭绝属合在一起做系统解析。然而，过程并不顺利。我反思了一下，问题可能出在没有采用兔科全属而只研究了一些特定的类群上。而几乎与此同时，欧美的国际研究团队发表了运用 DNA 等分子生物学技术对现代兔科全属的系统解析结果，其内容与我们这些古生物学者一直以来的观点大相径庭，令人震惊不已。在古生物学界，传统上，主要按照兔类下颌第三小臼齿（下文简称“p3”）的形态对其进行分类。这是因为 p3 的形态富于变化，用于分类再合适不过。

■ 上新五褶兔属各“种”的系统进化及扩散时期

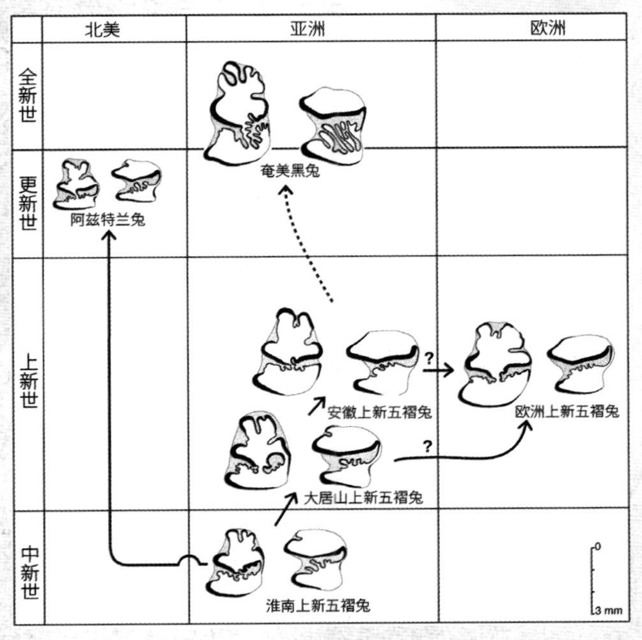

图为各“种”的牙齿，左侧为 p3，右侧为 p4（第四小臼齿）。有些种类的 p4 左上角有小小的凹陷，有些没有

■ 兔科头骨形态特征一例
（自腹侧观察头骨）

1. 奄美黑兔；2. 南非山兔。箭头所指的是腭桥部位，注意观察其长宽比。这是支序分类学的系统解析中会用到的特征之一。

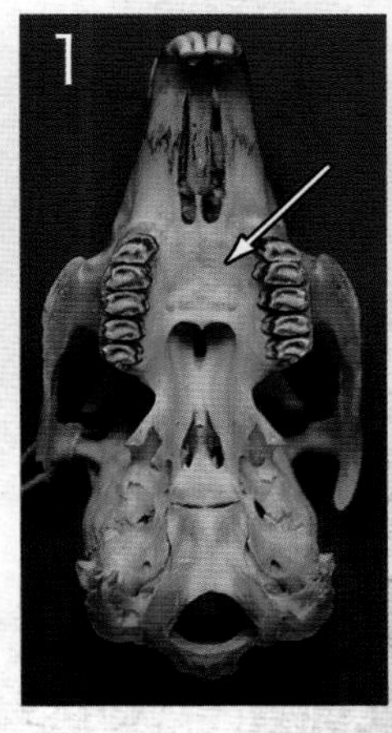

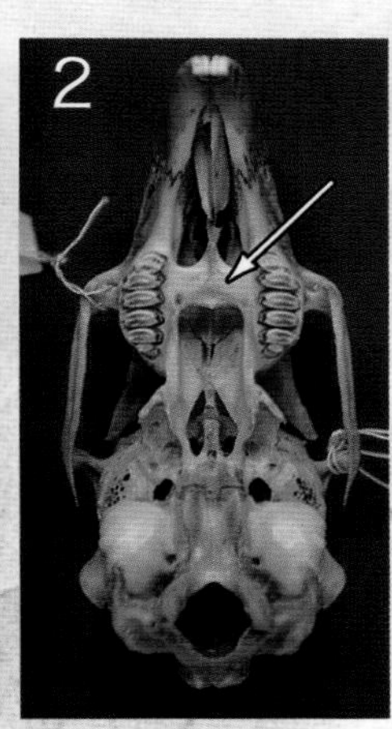

北美大陆是兔子的故乡？

考虑到这一点，我没有从以 p3 为主的牙齿特征入手，而是仅从头骨和下颌骨的形态出发，对现代兔科全属进行了系统解析。现代兔科有 11 属，但除了其中的 3 属以外，其余大多都和奄美黑兔一样，要么是濒危物种，要么就是接近濒危的物种，因此要找到标本并非易事。幸好，结合伦敦自然历史博物馆和哈佛大学比较动物学博物馆的标本，我得以完成了对全属的观察。从结果上看，这次解析所得出的系统关系与基于 p3 的系统相近，即便再加上对牙齿形态特征的解析，得出的结果差别也不大。然而，与基于分子生物学的解析结果相比，依然相去甚远。

我还不知道该如何解释这样的结果。不过，现代兔科的大部分属的祖先很可能是约 800 万年前从北美迁徙到亚洲的某种已灭绝的种类。如果是这样的话，它们应该在极短的时间内演化出了众多支系，或许也因此，分支系统的关系才无法在解析结果中很好地体现出来。当然，这也只是我的猜想而已……

富田幸光，1985 年在美国亚利桑那大学取得理学博士学位。自 1981 年起任国立科学博物馆地学研究部研究员，1994 年起任该部古生物学第三研究室室长，2014 年起任地学研究部部长。其主要著作有《灭绝的哺乳动物图鉴》（丸善出版）、《小学馆图鉴 NEO“新版恐龙”》（小学馆出版）等。

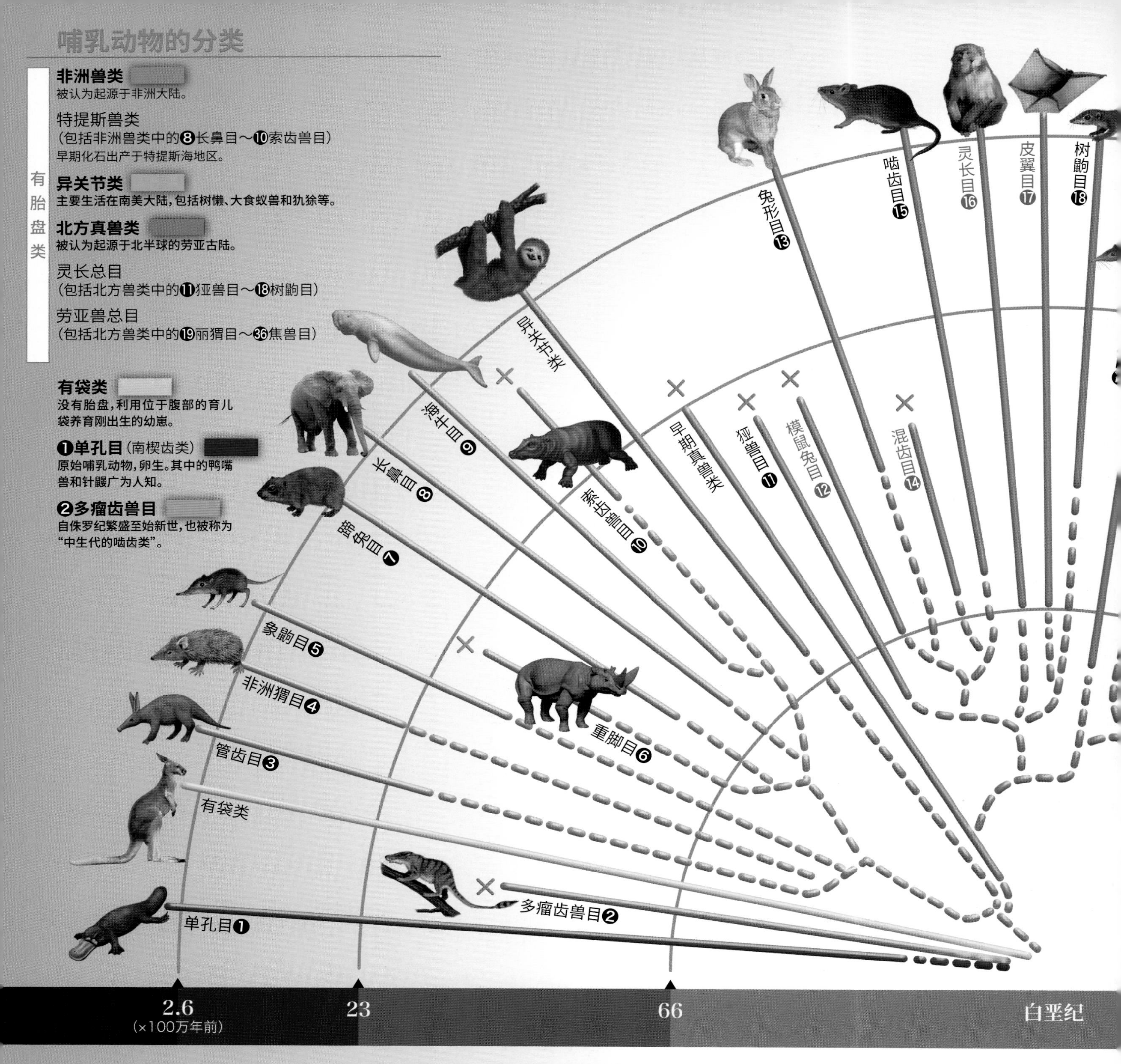

哺乳动物的分类
有胎盘类
非洲兽类
被认为起源于非洲大陆。
特提斯兽类
（包括非洲兽类中的❽长鼻目～❿索齿兽目）
早期化石出产于特提斯海地区。
异关节类
主要生活在南美大陆，包括树懒、大食蚁兽和犰狳等。
北方真兽类
被认为起源于北半球的劳亚古陆。
灵长总目
（包括北方兽类中的⓫狸兽目～⓲树鼩目）
劳亚兽总目
（包括北方兽类中的⓳丽猬目～㊱焦兽目）
有袋类
没有胎盘，利用位于腹部的育儿袋养育刚出生的幼崽。
❶单孔目（南楔齿类）
原始哺乳动物，卵生。其中的鸭嘴兽和针鼹广为人知。
❷多瘤齿兽目
自侏罗纪繁盛至始新世，也被称为“中生代的啮齿类”。
单孔目❶
多瘤齿兽目❷
有袋类
管齿目❸
非洲猬目❹
象鼩目❺
重脚目❻
蹄兔目❼
长鼻目❽
海牛目❾
索齿兽目❿
异关节类
早期真兽类
狸兽目⓫
模鼠兔目⓬
兔形目⓭
混齿目⓮
啮齿目⓯
灵长目⓰
皮翼目⓱
树鼩目⓲
2.6
（×100万年前）
23
66
白垩纪

杰出人物

通过化石解析哺乳动物进化的路线

辛普森是美国古生物学界的代表人物，曾供职于美国自然历史博物馆、哥伦比亚大学及哈佛大学等机构，为脊椎动物化石的研究贡献了一生。极度敬爱达尔文的他几乎对所有的哺乳动物化石进行了调查研究，并基于这些证据还原了哺乳类的进化路线。此外，他还开展过关于进化速度的研究。

古生物学家
乔治·盖洛德·辛普森
（1902—1984）

❸管齿目
现存管齿目仅一科一属一种，没有蹄，却与有蹄类有较近的亲缘关系。

❹非洲猬目
虫食性，包括马岛猬科、金毛鼹科等。

❺象鼩目
以长吻、长鼻、长后肢等为特征，虫食性。

❻重脚目
长着巨大的角的重脚兽是这一目的代表。

❼蹄兔目
现仅存蹄兔科一科。虽然长得像狸和兔子，但与象的亲缘关系更近。

❽长鼻目
现仅存3种，但化石种类较多。以树叶、树皮和树根为食。

❾海牛目
水生哺乳动物，包含海牛科和儒艮科等。

❿索齿兽目
出现于渐新世晚期的海生哺乳动物，长得像现代的河马。

⓫狸兽目
生活于白垩纪晚期至新生代初期的亚洲。虫食性的原始真兽类。

⓬模鼠兔目
被认为与兔类有着共同祖先的类群。

原理揭秘

新生代哺乳动物的多样化

古近纪按时间顺序可划分为古新世、始新世和渐新世。其中，大部分在古新世发生多样化的哺乳类到渐新世已基本消失。我们所熟知的现代哺乳动物，多数登场于始新世（5600万年前—3390万年前）以后。

古近纪（古新世、始新世、渐新世）	新近纪（中新世、上新世）	第四纪（更新世、全新世）

⑬兔形目
以上颌齿列前端的两对门齿为特征。

⑭混齿目
这一类群与老鼠所在的类群（啮齿目）有着共同的祖先。

⑮啮齿目
老鼠的同类。哺乳动物中最繁盛的类群。

⑯灵长目
包含原猴类、南美猴、旧大陆猴、类人猿和人的类群。

⑰皮翼目
现仅存鼯猴科的一属二种，仅分布于东南亚地区。

⑱树鼩目
外观像松鼠，但与灵长类的亲缘关系更近。

⑲丽猬目
出现于白垩纪晚期的早期虫食性真兽类。

⑳真盲缺目
包含刺猬、鼹鼠等，是现生哺乳动物中较为原始的类群之一。

㉑翼手目
蝙蝠的同类。分两类，一类捕食昆虫，另一类主要以果实为食。

㉒原真兽类
主要繁盛于白垩纪晚期至始新世晚期的北美及周边的虫食性哺乳动物。

㉓纽齿目
仅分布于北美的植食性哺乳动物类群，但其中也有杂食的成员。

㉔裂齿目
生活于亚热带至暖温带地区，主要以植物的根茎为食。

㉕全齿目
大型植食性哺乳动物。它们的祖先被认为是虫食性的动物。

㉖肉齿目
已灭绝的肉食性真兽类成员，曾繁盛于北美和亚洲。

㉗食肉目
存活至今的肉食性真兽类。猫科、犬科、熊科等都是这一目的成员。

㉘鳞甲目
现仅存穿山甲1属8种。身体表面覆盖有角质鳞甲。

㉙奇蹄目
出现于始新世初期的植食性哺乳动物，有蹄。

㉚踝节类等
植食性的原始哺乳动物，有蹄，主要分布于北美和亚洲。

㉛恐角目
形似现代犀牛的大型植食性哺乳动物，分布于北美和亚洲。

㉜鲸偶蹄目
由原来的鲸目和偶蹄目合并而成的分类，包含鲸、河马等。

㉝滑距骨目
南美特有的有蹄类哺乳动物，于更新世灭绝。

㉞南方有蹄目
曾是南美特有的有蹄类哺乳动物中最繁盛的类群。

㉟闪兽目
南美特有的有蹄类哺乳动物，包含拥有貘一样的鼻子的闪兽等。

㊱焦兽目
包含焦兽等，是南美特有的有蹄类哺乳动物中较小的类群。

恐鸟类登场

巨鸟现身 向哺乳动物袭来！

对于绵延数代、已不知凶猛的肉食恐龙为何物的哺乳类来说，这是何等的威胁啊！像是要主动接过恐龙留下的交接棒似的，巨型化的鸟类威慑四方。

埋伏并瞄准猎物的森林猎人

一群始祖马正悠闲地吃着喜爱的树叶。突然，数十米开外的树丛中蹿出了一个庞然大物。紧张感在始祖马群中迅速蔓延。

肩高 40 ～ 50 厘米的始祖马将目光聚焦在体型约为自己的 4 ～ 5 倍大的巨鸟身上。它的头非常大，喙看起来像石头那样坚固。感受到恐惧的始祖马转身就逃。然而，巨鸟也同样跑了起来。它的步子毕竟大，眼看就要追上来了。

最终，落在队尾的始祖马被巨鸟追上，并被它那树干一样粗壮的后肢压制住。其余的始祖马依然不敢停下脚步，只能头也不回地向前冲，四散在森林中。

或许，在古近纪古新世晚期至始新世（5920 万年前—约 3390 万年前）期间，以北美大陆为主的森林中，这样的情景曾反复上演。

大约出现于古新世晚期的巨型鸟类——恐鸟类，对于已将恐龙这样的捕食者忘得一干二净的哺乳动物来说，无疑是新的威胁。

不飞鸟 | *Diatryma* |

研究认为，不飞鸟主要分布于现在的美西部和欧洲一带。因为它和发现于欧洲冠恐鸟有较多相似之处，所以最近有越越多的学者认为不飞鸟就是冠恐鸟。

“恐怖的蜥蜴”走了，又来了个“恐怖的鸟”，还真是没法安心啊！

近距直击

数百年前还健在的巨鸟

恐龙灭绝后，从古近纪古新世晚期开始，数种巨型鸟类相继出现，阔步行走在陆地上。它们被称为恐鸟或巨鸟，其中有部分成员会捕食小型哺乳动物。后来，在新近纪的中新世和上新世（2303 万年前—258 万年前）也出现了几个类群，但学界普遍认为，这些类群在约 40 万年前就已经全部灭绝了。不过，在后来出现的巨鸟中，有些一直存活到了数百年前。例如，在非洲，17 世纪时还能看到象鸟，而在新西兰，18 世纪的时候还存在一种新西兰恐鸟的身影。

新西兰恐鸟遭到了移居新西兰的毛利人的滥捕滥杀，因此灭绝

现在我们知道!

恐龙灭绝后，它们登上了食物链顶点？

发现于世界各地的恐鸟类的痕迹

不飞鸟的化石在美国、法国和英国等地被发现。直至始新世都与南美大陆相连的南极大陆上似乎也曾有恐鹤的踪迹。非洲也有巨鸟的化石出土。

冠恐鸟 | Gastornis
年代 古新世晚期—始新世中期
身高 约2米
化石产地 北美、欧洲
食性 肉食?以植物种子为食?
出土了巨大的蛋壳碎片及化石。这些碎片和化石被认为属于某种巨鸟，但具体种类未知。
年代 始新世～渐新世
化石产地 北非
不飞鸟 | Diatryma
年代 古新世晚期～始新世中期
身高 约2米
化石产地 西欧
食性 肉食?以植物种子为食?
目前已发现的、被认为是恐鹤留下的两个足迹化石（足迹长达18厘米），以及喙的前端部分。
年代 始新世
化石产地 足迹：南极半岛北部的乔治王岛 喙：南极半岛东岸的西摩岛
恐鹤 | Phorusrhacos
年代 始新世～更新世初期
身高 约3米
化石产地 南美
食性 肉食
恐鹤
Phorusrhacos

拥有尖锐的喙和钩爪，是恐鸟类中尤为凶猛的成员，比不飞鸟更敏捷，速度更快。

大角盆地

不飞鸟头部化石的发现地——美国怀俄明州大角盆地。

新生代出现了数个恐鸟类群。本文主要以古新世晚期至始新世期间较为繁盛的不飞鸟为例进行介绍。

它们身高约2米，体重约200千克，而与如此巨大的身体形成鲜明对比的是那只有20厘米长的翅膀。它们放弃了飞行，所以翅膀退化[注1]了。不过，不再用来飞行的翅膀也并非毫无用处。在奔跑时，左右翅膀尽力张开，有助于它们在保持身体平衡的同时进行更强有力的活动。

此外，不得不提的还有它们那巨大的头部——高约30厘米，长约40厘米，简直就像一块不小的岩石。头部前端是长约25厘米的厚实的喙。它们张开嘴巴，可以轻松吞下老鼠之类的小动物。

“放弃飞行”加速了巨型化

为什么会出现这样巨型的鸟类？恐鸟类的祖先原本是在白垩纪末的大灭绝事件中幸存下来的小型鸟类。研究认为，它们和哺乳动物一样，就是因为体型小才逃过了一劫。或许，在没有了恐龙的广阔大地上，它们可以不被干扰地获取食物了吧。地面上的生活这样舒适，以至于有些鸟觉得没有必要再飞到空中去了，这也不足为奇。

不再飞行的鸟类就不必保持身体的轻盈了。骨头不必再保持中空[注2]了，用于飞行的肌肉以及活动这些肌肉所需的能量也不再需要了。据说，不能飞行的鸟有着成长速度加快的特性。不过，不飞鸟是在恐龙灭绝后的约700万年间逐渐巨型化的。

研究认为，不飞鸟那厚实的喙和坚固的头骨达到了足以轻松咬碎动物骨骼的坚韧程度。从这一点来看，“恐怖的肉食动物”这一形象似乎非常适合它。

然而，最近也有观点认为，不飞鸟

近距直击

比较巨鸟蛋的大小

象鸟兽生活在非洲马达加斯加岛，存活至17世纪。在象鸟蛋化石中，个头最大的长轴达33厘米。不飞鸟蛋长轴约24厘米，与新西兰已灭绝的巨鸟基本相同。鸵鸟蛋最大长轴约20厘米。象鸟蛋的体积大约是7个鸵鸟蛋的体积之和。

与鸡蛋相比，象鸟蛋真是相当巨大，看上去可以轻松做出50人份的蛋饼

巨大的头骨、退化的翅膀

在恐鸟类中，不飞鸟是化石较多的一种，目前已发现了数具几乎完整的骨架。恐鸟类的繁盛开始于古新世晚期，结束于始新世中期，大约持续了 2000 万年。

被认为与不飞鸟亲缘较近的角叫鸭

长期以来，不飞鸟都被归类在鹤形目下，但近期的研究表明，它们和叫鸭科所属的鸡雁小纲的系统有着更近的亲缘关系。角叫鸭只分布在南美大陆。

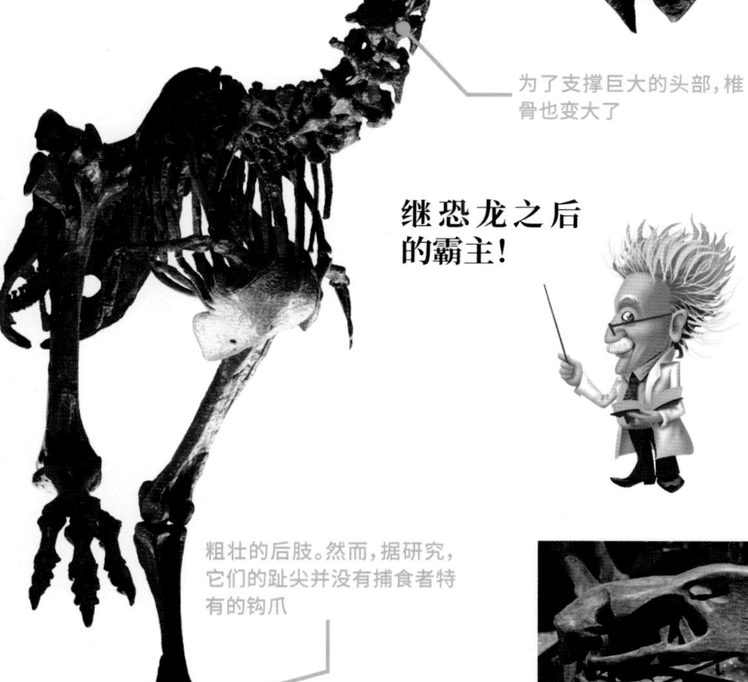

为了支撑巨大的头部，椎骨也变大了

粗壮的后肢。然而，据研究，它们的趾尖并没有捕食者特有的钩爪

继恐龙之后的霸主！

强有力地咬碎猎物

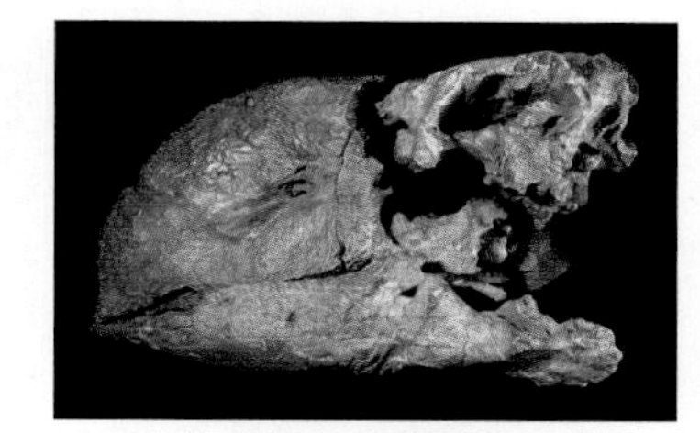

用厚实的喙紧紧夹住猎物、咀嚼。即使在大力咬碎猎物时，坚固的头骨也纹丝不动

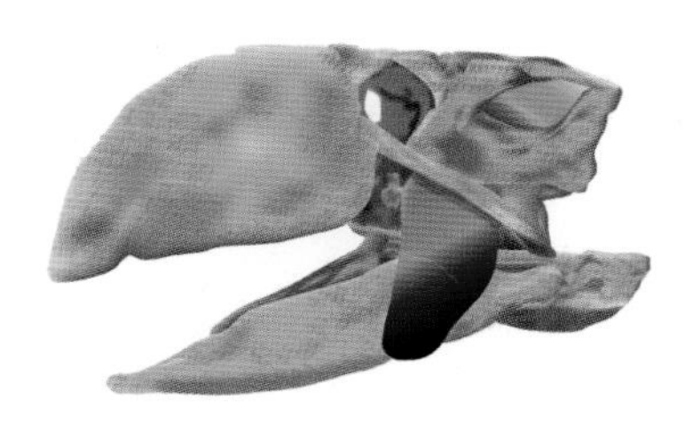

用于牵动颌骨的巨大肌肉组织。长而粗大的咀嚼肌昭示着强大的咬合力

恐鹤的头骨

图为恐鹤类的头部。喙的前端像钩爪一样，非常尖锐。

可能并不是肉食动物。

这种观点的依据之一来自对足迹化石的研究。对于被认为是不飞鸟的足迹化石的研究结果显示，其后肢上并没有钩状的爪子。假如是捕食者，一般都会有尖锐的钩爪，用来杀死猎物。既然没有钩爪，那么这种鸟或许并不是捕食者。

此外，有一支研究团队对冠恐鸟标本骨骼中的钙成分进行了研究，结果与肉食动物并不相似。然而，也有学者认为，即使没有钩爪，先用粗壮的后肢踢伤猎物，然后再用巨大的喙抓捕就可以了。不飞鸟和冠恐鸟到底是不是植食性动物[注3]呢？它们的身上可以说至今仍有不少谜团。

同为恐鸟类成员，曾生活在南美大陆上的恐鹤类的后肢上就有尖锐的钩爪。研究认为，它们曾是相当凶猛的肉食动物。然而，恐鹤也因进化程度更高的肉食性哺乳动物的出现而灭绝，最终，所有的恐鸟类将迎来全军覆没的那一天。

科学笔记

【退化】 第18页 注1
生物的器官、组织等逐渐缩小或简化（有时甚至消失）的过程。在生物学中，退化是进化的一个方面，并不是进化的反义词。

【中空】 第18页 注2
指内部为空的情况。鸟类为了更好地适应飞行，需要使身体变轻从而提高飞行效率，为此，其骨骼内部有部分中空。

【植食性动物】 第19页 注3
主要以植物为食的动物。相对“肉食性动物”这一词使用。

【大腿骨】 第19页 注4
位于四足动物后肢的胯与膝盖之间的长骨，总体呈两端较大的圆柱状。对于人类来说，大腿骨是所有骨骼中最长、最强的。

杰出人物

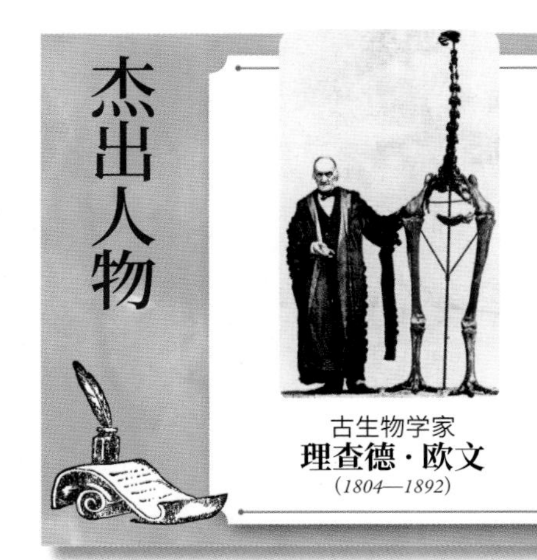

古生物学家
理查德·欧文
(1804—1892)

创造了“恐龙”“恐鸟”的说法

理查德·欧文因创造了“恐龙”一词而为人所知。后来，他又断言，新西兰友人送来的长约 15 厘米的动物骨骼是一种“像鸵鸟一样不会飞的大型鸟类的大腿骨[注4]”。虽然受到了周遭的质疑，但他坚决不改变自己的说法。后来，这节骨骼被证明来自摩亚鸟，已经灭绝，曾生活在新西兰一带。他把摩亚鸟称为“恐鸟”。照片为站在恐鸟骨骼标本旁的欧文。

最早的灵长类

从树栖哺乳动物到灵长类

古近纪古新世晚期，从树栖哺乳动物类群中演化而来的灵长类登场了。在古新世的第一次适应辐射中出现的哺乳类里，留存至今的类群屈指可数，灵长类就是其中之一。

故事开始于树梢枝头

古新世时期，哺乳动物急速多样化，填补了恐龙消失后留下的生态位。这期间，在树栖哺乳动物类群中，发生了一个关系到我们人类的重大“事件”。

在树上，一部有关进化的大戏即将开幕。在树枝尖端的花朵周围，聚集着想要吸食花蜜的蜜蜂、蝴蝶等昆虫。与此同时，虫食性哺乳动物正虎视眈眈地盯着它们：好想到枝条的那端去抓住它们。然而，树枝尖端太细了，又摇晃得那么厉害，一不小心就会失去平衡掉下去。

要想抓住在空中飞舞的昆虫，必须紧紧抓住摇晃的树枝，并且还要保持这种姿势。为此，它们前后肢的指（趾）进化了，获得了“抓握”的能力。这是被称为灵长类的哺乳动物值得纪念的第一步。

通往我们人类的进化之路，是从试图抓住枝头的虫子开始的。

因为有“无论如何都想吃到那只虫子”的欲望，才有了今天的我们。

更猴 | *Plesiadapis* |

更猴这一类群囊括了白垩纪末至古新世初那些比较接近灵长类的树栖哺乳动物。关于这一分类，研究者之间虽然意见不一，但普遍认为在古新世迎来了最盛期的它们之中，已经出现了手脚具有抓握能力的成员。它们作为早期的灵长类，逐步进化。研究认为，更猴类既捕食昆虫，也食用植物的果实。

近距直击

什么是灵长类?

灵长类是指包含我们人类在内的猴的同类。“灵长类＝猴子”这样的认知意外地多见，但这是误解。人类和猴子都属于灵长类家族，拥有共同的祖先。在分类学中，灵长类是指灵长目，分为保持着较原始的特征的曲鼻猴类和相对更“高等”的直鼻猴类。现存已知的灵长类约有220种。人类以外的灵长目动物主要分布在热带及亚热带地区。日本青森县下北半岛的日本猕猴是生活在最北边的猴子，被称为“北限之猴”。

图为忍耐着风雪生存着的『北限之猴』。下北半岛的日本猕猴已被认定为日本的天然纪念物

现在我们知道！

『手脚』和眼睛的发展是进化的关键

一点一点地，多个部位逐渐进化。

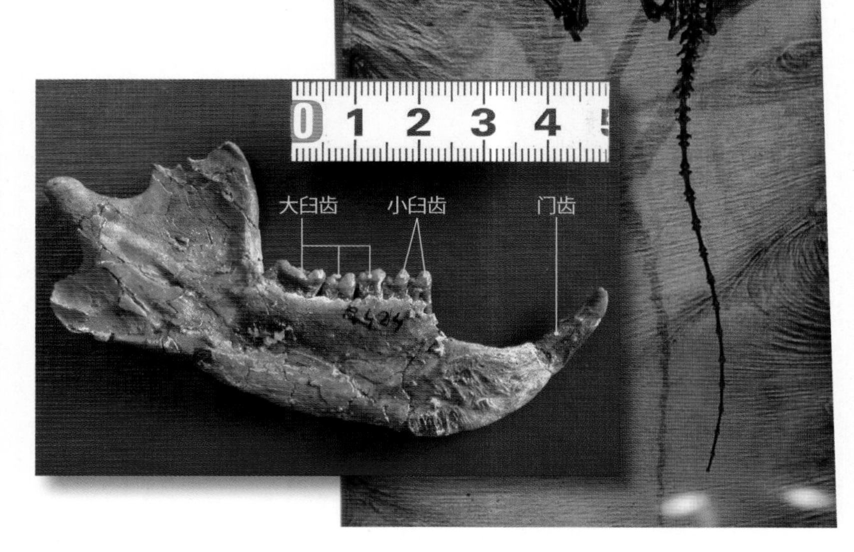

早期灵长类——更猴类

右图为更猴类的全身骨骼。研究认为，它们主要以果实、花蜜、嫩芽等为食，偶尔也会捕食虫子。左图为下颌，可以看到前端的门齿与中央的臼齿之间没有牙齿，呈空缺状态。如果是灵长类，这个位置本应有犬齿，可是它却没有。因此，也有不少学者认为更猴类不能被称为灵长类。

作为灵长类的祖先，树栖哺乳动物之所以能在白垩纪末的物种大灭绝中逃过一劫，其原因和其他哺乳动物一样：体型小，能够灵活应变。具备了内温性的它们，即使吃得很少，也能维持体温，而且在气温低的时候也能出去寻找食物。

目前，更猴类被认为是早期的灵长类。它们的化石主要发现于北美。

可是，灵长类是因为哪些特征才得以被列为一个新的哺乳动物类群的呢？从化石中能够明确判断的形态特征，即早期灵长类区别于其他哺乳动物的地方，就在于其拥有抓握能力的“手脚”，以及具备立体视觉的眼睛。这两个条件都是在树上生活期间培养出来的。

双眼向前，获得立体视野

想要一边抓好摇晃的树枝，一边捕捉飞行中的昆虫，就必须紧紧抓住因自己的重量而大幅晃动的细枝。为此，灵长类对自己的“手”指和“脚”趾进行了“改造”。在此之前，它们的五指（趾）是平行排列在一个平面上的。现在，它们改变了其中的第一指（大拇指）的朝向和位置，从而使“抓握”变得更轻松。

在此基础上，想要在紧紧抓住树枝的同时还能瞄准虫子，就

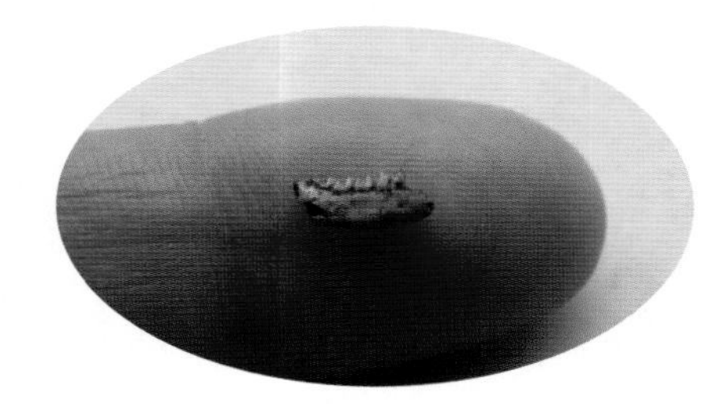

蒙古发现亚洲最古老的灵长类

从蒙古南部约 5500 万年前的始新世早期地层（左图）里，出土了早期灵长类动物化石。因为产地在阿尔泰山附近，所以这种化石被命名为阿尔泰。上图中下颌的长度约 1 厘米左右。

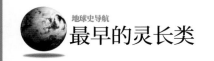

灵长类的进化系统图

研究认为，早期灵长类的进化起源于约6500万年前。在古新世繁盛一时的更猴类灭绝于始新世中期，接替它们的是兔猴类和始镜猴类。从这里开始分化出的支线最终通向了人类。

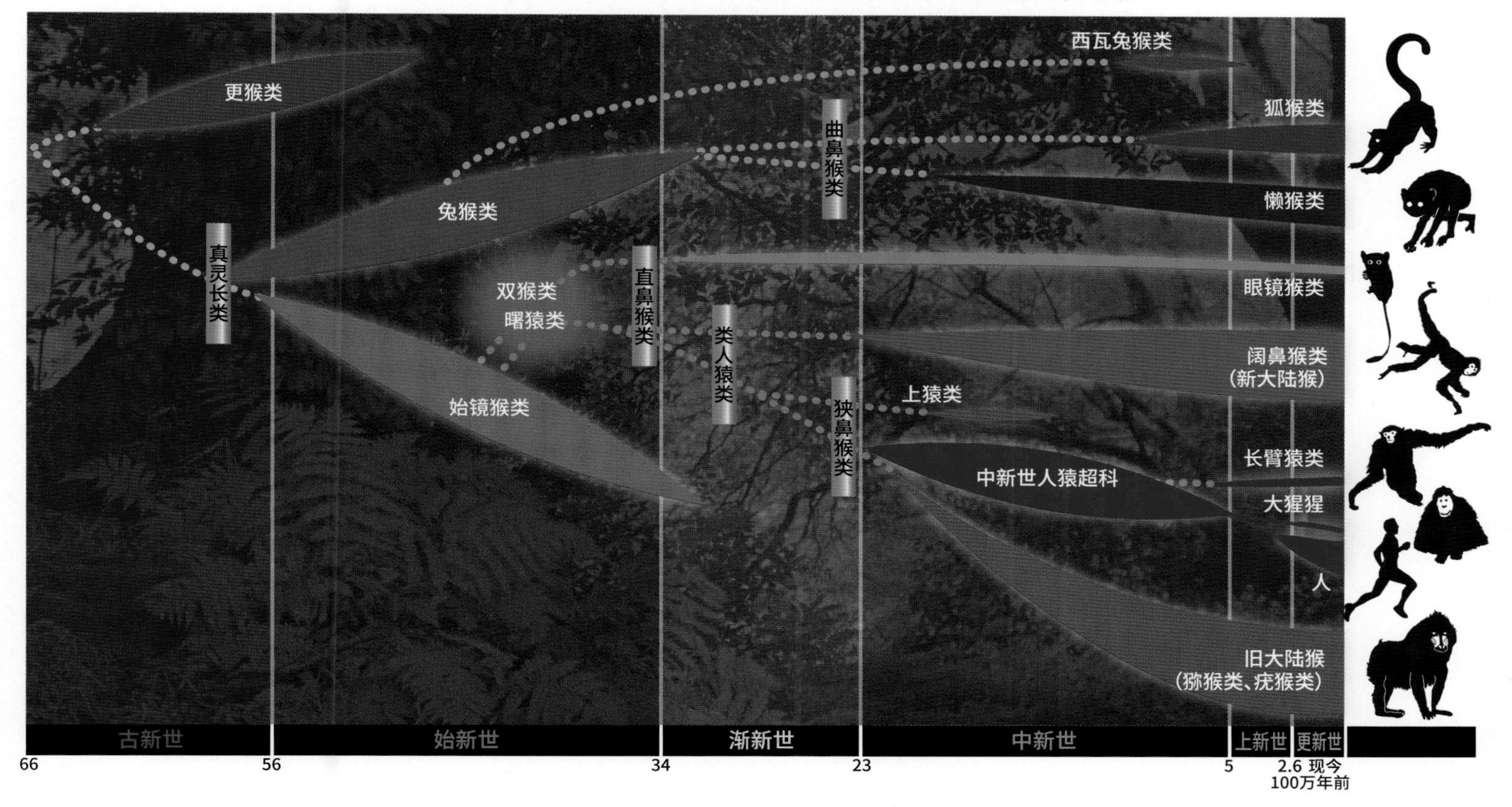

需要具备能够测量到虫子所在位置的正确距离的视觉，也就是说，它需要具有立体视觉的眼睛。具备立体观察事物的能力意味着能更精确地判断距离。

尚未进化为灵长类时，哺乳动物的双眼分别长在脸的两侧，而早期灵长类的双眼所处的位置变高了，逐渐开始能够斜视前方。双眼都朝向前方，两眼的视野重叠，视觉就会变得立体。比起眼睛朝向侧面，进化后的状态更有助于判断事物的远近和距离。早期灵长类就这样发展出了立体视觉，获得了立体视野。

此外，要掌握虫子所在的位置并准确地伸手抓住，就需要有一颗能够正确处理视野所提供的信息的大脑。进而，或许还需要记住虫子会聚集的地方、花开的地方甚至开花的周期。灵长类的大脑可能就是因此渐渐地变大了。不过，灵长类的大脑真正变大的时代还要稍晚一些才会到来。

扁平的指甲是抓握能力的证明

近年，在美国怀俄明州的古新世晚期地层中发现的更猴类化石震惊了世人。因为它的“手脚”的拇指（趾）不仅与其余四指（趾）相对，拇指（趾）上的指甲还几乎是扁平的。在此之前，树栖哺乳动物的指甲几乎都是钩爪。而相对地，后来的灵长类的指甲几乎都是扁平的。钩爪虽然能够扎入树枝从而实现在树枝上的停留，但却无法抓握。这次的发现更加有力地证明了早期灵长类具有抓握能力这一点。

这一化石被命名为“窃果猴”化石。其学名的意思是“偷果实的贼”。因为从牙齿特征可以看出，它主要以果实为食。窃果猴的眼窝还没有完全朝向正前方，而是朝向斜前方，可能还没有进化出完善的立体视觉。古新世的更猴类都还处于向真正的灵长类过渡的中间阶段。

因为包括窃果猴在内的更猴类的化石多产于北美，所以此前灵长类的起源一直被认为是在北美。然而，由于近年在中国也发现了早期灵长类的化石，主张亚洲起源说的研究者越来越多。

地球进行时！

皮翼类和树鼩类是灵长类的近亲

据研究，早期灵长类哺乳动物的祖先与亲缘最近的哺乳动物的演化分歧发生在约8500万年前的白垩纪晚期。在现代哺乳动物中，与灵长类亲缘关系最近的是皮翼类和树鼩类，两者都是树栖动物。皮翼类为植食性动物，长相接近鼯鼠。树鼩类为虫食性动物，长得和老鼠、松鼠有些像。

皮翼类能够展开身体两侧的飞膜，像滑翔机一样在树与树之间边滑翔边寻找食物

随手词典

【眼窝】
头骨上眼球所在的凹陷部分。类人猿的眼窝后侧有眼眶后壁，使颞肌和眼球无法接触。早期灵长类的眼眶后壁还不发达，吃东西的时候眼球也会随着颞肌一起晃动。

【拇指对向性】
大拇指（或大脚趾）的指腹可与其余四指指腹对合的特性。

近距直击

非人灵长类的脑指数在哺乳动物中排第三位，仅次于人和海豚

美国的进化学者哈里 · 杰里森推导出了动物的体重和脑部大小之间的关联性。根据这个理论，体重越重，大脑似乎也应该越大。然而，如果真是这样的话，人类的大脑相对于体重而言就显得过大了。于是，杰里森想到了“脑化指数”，即脑的实际大小与根据体重求得的预期大小的比值。“脑化指数”常被用来估量动物的智力。根据这一公式计算得出，人的“脑化指数”约为 7，是哺乳动物中数值最大的。除人类以外的其他灵长类则排在第三位以后。

主要动物的“脑化指数”

动物	脑质量（克）	脑化指数
人	1250～1450	7.4～7.8
宽吻海豚	1350	5.3
白额卷尾猴	57	4.8
黑猩猩	330～430	2.2～2.5
鲸	2600～9000	1.8
狐狸	53	1.6
乌鸦	大约10	1.25

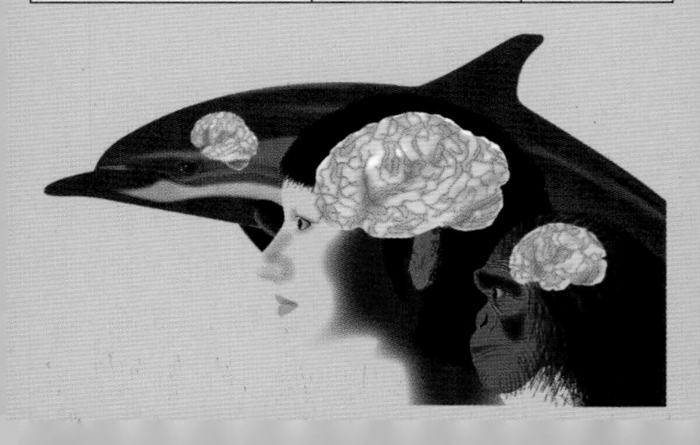

色觉呢？

窃果猴为更猴类的一员，被认为是早期灵长类或早期灵长类的“亲戚”。它们的眼窝并不大，应该是昼夜行性（白天和晚上都可活动）。研究认为，它们基本上和大多数哺乳动物一样，是拥有蓝色系和红绿色系这两种感光色素的二色视觉动物，可能对明暗度比较敏感。

左图为三色视觉动物通常看到的世界，右图则为二色视觉动物看到的世界。

变大的脑

为了记住作为食物的虫子会出现的时期和地点，准确判断眼睛所收集到的虫子的位置信息等，灵长类的大脑逐渐变大。

在眼睛变得越来越发达的同时，灵长类的大脑也变得越来越大。眼镜猴的独特之处在于那双与体型形成对比的大眼睛。小小的它们抓住树枝的样子，让人联想到早期灵长类的模样。

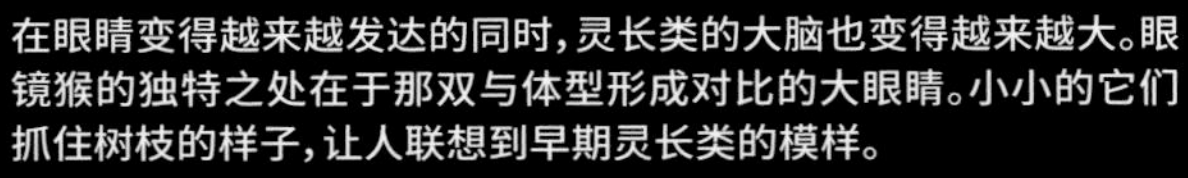

具备抓握能力的四肢

越靠近末梢的树枝越细。牢牢抓住细细的枝条，保持悬吊姿势的同时伸手捕捉空中的昆虫……为了掌握这样高难度的技巧，它们进化出了拇指对向性。

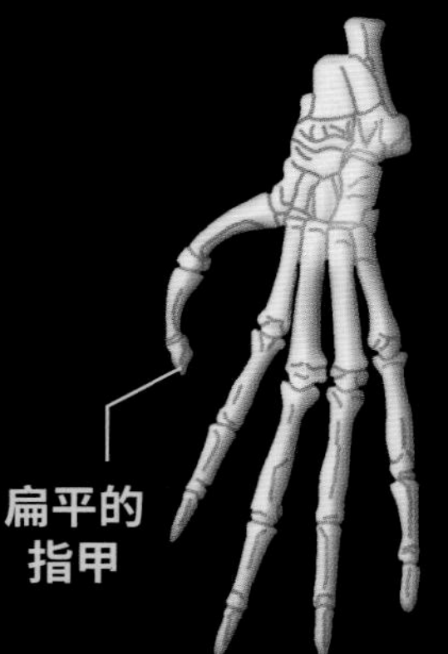

能够抓住细枝

窃果猴的大拇指上长有扁平的指甲。或许它们还处于所有指甲都扁平化的进化过程之中。

拇指与其余四指相对

与人的手一样，拇指可以弯曲到与其他四指指腹相对的程度，使得夹取或抓握变得更容易。

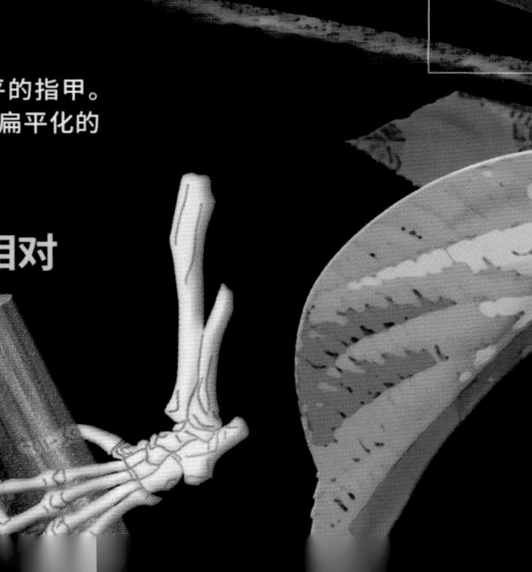

原理揭秘

早期灵长类的进化

因为第一次适应辐射，古新世成了形形色色的哺乳动物原型登场的时代。不过，这其中只有为数不多的类群存活到了现代，灵长类就是其中之一。

早期灵长类区别于其他哺乳动物的特征，以及它们向类人猿进化的过程是怎样的呢？让我们通过窃果猴的复原图来看一看吧。

具有立体视觉的眼睛

对比早期灵长类和登场于渐新世(3390万年前—2303万年前)的进化程度更高的灵长类——类人猿的眼窝位置和朝向，就会发现，进化程度越接近类人猿，双眼的朝向就越接近正前方，立体视野范围越广。窃果猴的眼睛位置稍稍偏向侧面，朝向斜上方。

其他灵长类
双眼略偏向两侧。因为眼窝后侧没有眼眶壁，进食过程中随着颞肌的运动，眼球也会晃动，以致难以看清事物。
类人猿类
双眼朝向正前方平行排列。
颞肌

不会飞的鸟的分布图

鸵鸟曾经遍布非洲全境，在阿拉伯半岛也有分布。然而，因为人类的滥捕，现在只有在非洲中部和南部能看到它们的身影。鸸鹋只分布于澳大利亚（塔斯马尼亚岛除外）。

●奇异鸟 ●冲绳秧鸡 ●跳岩企鹅
●鸸鹋 ●加拉帕戈斯鸬鹚 ●鸵鸟

不会飞的鸟

| *Flightless birds* |

飞行能力退化，但奔走、游泳能力进化

古颌总目是失去飞行能力的鸟类的代表类群。鸵鸟、鸸鹋、奇异鸟等都属于这个类群。与会飞的鸟相比，不会飞的鸟翅膀短小，用来支撑飞行时须动用的肌肉的胸骨也较小。

【奇异鸟】

| *Apteryx* |

奇异鸟虽然视力不好，但嗅觉灵敏。它们的喙很长，上喙的尖端长有鼻孔。得益于这样的喙和嗅觉，即使深藏地下的蚯蚓也能被它们轻易捕获。奇异鸟的名字来源于它们那尖锐的叫声。因为外形和颜色接近奇异鸟，所以猕猴桃也被称为奇异果。奇异鸟是新西兰的国鸟。

数据	
分类	无翼鸟科无翼属
身高	45～55厘米
分布区域	新西兰

【冲绳秧鸡】

| *Gallirallus okinawae* |

秧鸡是一种夜行动物，生活在河流湖泊等湿地区域。冲绳秧鸡是1981年在日本冲绳本岛北部发现的新种。因为发现地名为山原，所以它们也被称为“山原秧鸡”。与其他秧鸡不同，冲绳秧鸡主要生活在常绿阔叶林，夜间会在树上休息。红色的喙及后肢是其特征。

数据	
分类	秧鸡科纹秧鸡属
身高	30厘米
分布区域	日本冲绳县

【鸸鹋】

| *Dromaius novaehollandiae* |

世界上现存的第二大鸟类（仅次于鸵鸟）。鸸鹋主要以植物为食，但偶尔也吃昆虫等的幼虫。雄鸟负责孵蛋，以及抚养孵化后的幼鸟。鸸鹋蛋的大小约为 13 厘米 ×9 厘米，外壳呈墨绿色。

数据	
分类	鸸鹋科鸸鹋属
身高	150～190厘米
分布区域	澳大利亚

【跳岩企鹅】

| *Eudyptes chrysocome* |

跳岩企鹅的眼睛上方有一簇像眉毛一样的黄色羽毛，延伸至眼尾并大幅绽开，形成特有的装饰。它们的眼睛和喙呈红色，下肢呈粉色，在企鹅家族中算是色彩挺丰富的一类了。它们能够以双脚跳跃的方式轻松跃上岩石。名字也是来源于此。

数据	
分类	企鹅科冠企鹅属
身高	45～58厘米
分布区域	印度洋南部至南大西洋

【鸵鸟】

| *Struthio camelus* |

世界上现存的第一大鸟类。虽然鸵鸟的身体很重，但拥有一双又长又壮的腿的它们，奔跑起来时速可达 50 ～ 70 千米。鸵鸟只有二趾，内侧趾较大，外侧趾极小。据研究，这是适应快速奔跑的特征。数百只鸵鸟集体飞奔的场面惊心动魄。

数据	
分类	鸵鸟科鸵鸟属
身高	200厘米
分布区域	非洲中南部

【加拉帕戈斯鸬鹚】

| *Phalacrocorax harrisi* |

是人们所熟知的能潜到水下捉鱼的鸬鹚的同类。顾名思义，加拉帕戈斯鸬鹚是加拉帕戈斯群岛的固有种。它们的身高约 100 厘米，体重约 2.5 千克，是鸬鹚中最为重量级的成员之一。鸬鹚大多能飞，但这种鸬鹚却飞不了。除了鱼，它们也会吃腕足动物。

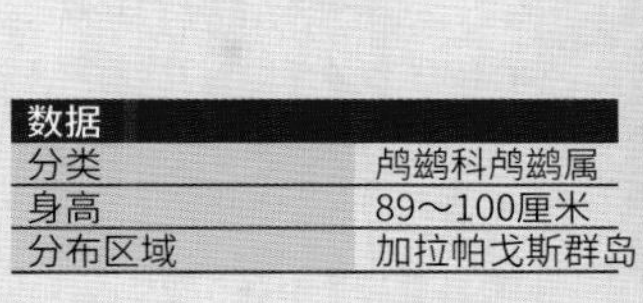

数据	
分类	鸬鹚科鸬鹚属
身高	89～100厘米
分布区域	加拉帕戈斯群岛

文明与地球 ●●●●●

《一千零一夜》中的辛巴达和大鹏鸟

曾经生活在马达加斯加岛上的象鸟（参见第 18 页）是在《一千零一夜》第 290 ～ 315 夜的故事《航海家辛巴达》中登场的巨鸟——大鹏鸟的原型。象鸟不会飞，但它那身高 3 米多的巨大形象可能正好契合了伊斯兰世界古老传说中的大鹏鸟的形象吧。

向辛巴达的船袭来的大鹏鸟（绘制于 1898 年）

地球进行时！

会飞却不飞的鸟

这个世界上还有明明具备飞行能力，却不怎么飞的鸟类。生活在非洲肯尼亚大草原上的蛇鹫和阿比西尼亚地犀鸟就是这样的鸟。蛇鹫捕蛇时会用长而有力的腿猛踢毒蛇进行攻击。它们白天在陆地上度过，育儿或睡觉的时候才会扇动翅膀飞回树上的巢里。阿比西尼亚地犀鸟也把巢筑在树上，但在地面上时，只有需要越过河流和大树等障碍物时才会飞。

图为回到树上巢里的蛇鹫。它们在天空和陆地间选择了后者，这到底是为什么呢？

激流与峻岭织就的自然秘境

纳汉尼国家公园

纳汉尼国家公园位于加拿大西北部蜿蜒曲折的南纳汉尼河流域。在这片未受冰河期影响、保留了远古风貌的大地上，险峻的峡谷、瀑布、喀斯特地貌、温泉等塑造了丰富而壮丽的自然之美。加拿大称得上是一座自然宝库，而纳汉尼国家公园是这座宝库中第一个入选世界遗产的，其中保留了大量尚未开发的自然秘境。

远离尘嚣的秘境居民们

北美灰熊

英文名“Grizzly”也为人熟知。北美灰熊分布于北美，是棕熊的亚种，全长约2米，体重约360千克，曾是猎杀的对象，现已成为濒危物种。

白大角羊

加拿大西北部至美国阿拉斯加州均有分布，是牛科羊属的一员。它们主要生活在高地上，能在陡峭的岩石和山崖间跳跃移动。

驼鹿

最大的鹿科动物。体型最大的驼鹿高达3米左右，体重约800千克，最大角长超过2米。虽然体型巨大，但它们能够以50千米的时速奔跑，还擅长游泳。

金雕

翼展可达2米的猛禽。它们能够以200千米以上的时速飞行，猎食小型哺乳动物等。据说，它们也会袭击成年的鹿。

南纳汉尼河在与世隔绝的自然中流淌

被划定为纳汉尼国家公园的一带位于北纬60 度的高纬度地区，这里苔原和针叶林广布，生活着数量众多的动物。现在仍然没有车行道路可以通到公园，人们只能乘坐飞机或通过水路才能到达。因此，公园的访客很少，壮观的大自然得以保持着未开化的状态。

地球之谜

摩西的奇迹

海真的一分为二了吗？

『出埃及记』中记载了海的奇迹。3000多年前，带领民众走出埃及的摩西所引发的奇妙现象能否用现代科学进行解释呢？

在古埃及，以色列人被当作奴隶，长期受到虐待。有一天，摩西得到了上帝的旨意，要求他救出这些以色列人，并带领他们离开埃及，去往位于西奈半岛的“应许之地”——迦南（现在的巴勒斯坦地区）。

《出埃及记》中记载，摩西和他所率领的民众被埃及大军追到海边，走投无路时，奇迹发生了。书中是这样描述的“摩西伸出手指向大海，上帝就送来了强劲的东风，整夜吹拂，使海水退去，水面分开，海变成了干地。”

数十万乃至数百万的以色列人就下到海里，从干地上走了过去。他们通过以后，摩西再次举起了手，海水复原，将追来的埃及大军连人带马全部吞没。

这是虚构的故事吗？不，万一真有其事呢？怎样的自然现象能将海分成两半呢？

以色列人到了对岸以后，大海以惊人之势吞噬了埃及大军。据《出埃及记》记载，逃出埃及的以色列人中，仅壮年男子就有60万人。

是金星迫近，还是火山爆发引起的海啸？

俄裔犹太人、著名精神科医生伊曼纽尔·维利科夫斯基提出的假说最为新奇。他用业余时间收集了世界各地的古文书籍，并对其中的天体运行、自然灾害等记录进行了研究。他于1950年出版的《碰撞中的世界》一书一度畅销全美。书中写道，公元前2000年至公元前1500年左右，木星发生大爆炸，结果，金星诞生了。

摩西像，米开朗基罗的作品，现位于意大利罗马的圣伯多禄锁链堂。雕像头上之所以有角状物，是因为《出埃及记》中的“放着光”这一希伯来语记述被错译成“长出了角”

他认为《出埃及记》中的分海传说，是因为轨道尚不稳定的金星接近地球所引起的，也就是在金星的引力作用下发生的潮汐现象。

然而，学界普遍认为，出埃及记发生于公元前1250年左右，是拉美西斯二世执政时期的事情，地点在红海。不过，也有不少学者认为，出埃及记发生在公元前1500年左右，地点在地中海边上的尼罗河口三角洲地区。

摩西分海的地点之所以一直以来都被认为是红海，是因为翻译成希腊语的《圣经·旧约》里写成了“红色的海”，而实际上可能是对“芦苇海”的错译。

此外，也有学者认为，如果摩西分海是发生在公元前1500年左右的地中海边，那么或许海面分开是圣托里尼岛的海底火

旦首都安曼西南约30千米处，海拔800米左右。4世纪时，人们为了纪念摩西，在那里建造了教堂。站在山顶上，可以望见死海

尼泊山纪念教堂附近的摩西纪念碑。在这块碑对面，还有一块纪念2000年罗马教宗若望·保禄二世到访的石碑

山爆发造成的。爆发使得海底火山内部形成空洞，海水猛然退去，就产生了《出埃及记》中所描述的海面分裂的景象。后来，这股潮水形成了海啸，吞噬了埃及大军。

在海啸说中，有关海啸的成因，有的学者认为是小行星撞击，有的认为是大地震。此外，关注圣托里尼岛火山爆发的学者中，也有人主张用熔岩流解释摩西分海的传说。经海水冷却的熔岩流形成了桥，摩西和他所带领的民众们通过这座桥走到了对岸，但由于熔岩比较脆弱，等埃及大军上去时，桥就塌了。不过，也有人认为这次火山爆发发生在公元前1628年左右，如果是这样的话，和“出埃及”就没什么关系了。各种假说之多，真是令人眼花缭乱。

流体力学模拟实验

2010年，美国国家大气研究中心的研究团队进行了一项颇有意思的计算机模拟实验。

为了锁定海面分开的地点，研究团队首先着手调查了各种各样的文献。1882年2月，军事介入埃及的英军军官留下的记录引起了研究团队的注意。这位军官当时在尼罗河三角洲靠近地中海的潟湖附近执行任务。有一天，“东边吹来了强风，他不得不终止了工作。翌日早晨，潟湖的水完全消失了，当地人在泥地上行走”。东边来的强风导致水暂时消失，这和出埃及记所描述的情形非常相似。

研究团队调查了该地过去的地貌，将风、浪等数据输入了电脑，猜猜模拟的结果如何？在尼罗河汇入地中海那侧的名为“塔尼斯湖”的潟湖一带，如果让风速保持在每秒28米以上，海水就会被吹得向西边涌，不久就会出现浅滩，并最终和陆地相连。这条陆桥维持了4小时之久。

“这说明‘海水分开’在物理上是成立的。”研究团队的卡尔·德鲁斯说。

不过，即使海水分开这样的自然现象真的存在，摩西一行刚好能遇上，也无疑是个奇迹。

出埃及的路径设想

Q 狗和猫来源于同一个祖先？

A 研究认为，现生的猫和狗的祖先是生活在古新世至始新世期间的食肉类“细齿兽科”动物。狗先用裂齿将肉撕裂，再用后方的大臼齿大口嚼食。猫的裂齿比狗更锐利。它们用裂齿将肉撕碎后直接吞食。这是因为猫在永久齿阶段，只有一颗大臼齿。

对比齿列会发现，猫的牙齿是进化程度更高的类型，而狗还保留着最原始的牙齿特征

Q 管齿目动物长什么样？

A 细长的脸上长着猪一样的鼻子，还有像袋鼠一样竖着的长耳朵。管齿目现仅存一种，即长相和名字都相当独特的土豚，最早出现于渐新世晚期。土豚分布在非洲大陆的中南部。它们用长达 40 多厘米的舌头捕食蚂蚁和白蚁，也因此曾被归类为食蚁兽的一员。然而，它们其实和食蚁兽大不相同，因为它们有臼齿。门齿和犬齿已经退化，只有内含细小管状腔的臼齿。这一目的命名也源自于此。

土豚看起来『佛系』，实则是夜行动物，为了寻找食物，可以在夜间奔走数千米

Q “灵长类最强”？

A 灵长类是包括我们人类在内的哺乳动物类群。俄罗斯运动员亚历山大·卡列林曾连续 3 届奥运会夺得男子古典式摔跤项目的冠军。为了赞扬这前所未有的成绩，日本人亲切地将卡列林称为“灵长类最强男子”。话虽如此，并没有摔跤选手和其他灵长类动物比试过，所以说“灵长类最强”真正想表达的其实是“人类最强”的意思。因为他达成了过去没有人达到过的成绩，所以才用了相对夸张的说法吧。最近，取得世锦赛11连胜、世界级比赛(奥运会及世锦赛)14 连胜的女子摔跤运动员吉田沙保里达成了史上“最多”连胜的记录。在卡列林之后，她被称为“灵长类最强女子”。

卡列林取得了奥运会 3 连冠、世锦赛 9 连冠、欧锦赛 12 连冠的好成绩，拥有在国际比赛中 13 年不败的战绩

Q 现存最大的哺乳动物是？

A 答案是蓝鲸。目前已确认的最大的蓝鲸全长达 34 米。作为体型最大的肉食恐龙之一，暴龙的全长约 12 米，这样看来，蓝鲸称得上是地球上有史以来最大的动物之一。据说，刚出生的蓝鲸宝宝全长达 7 米，体重达 2 吨。蓝鲸用肺呼吸，所以需要时不时浮出水面换气。不过，鲸类家族里也有成员能够潜入超过 1000 米的深海。

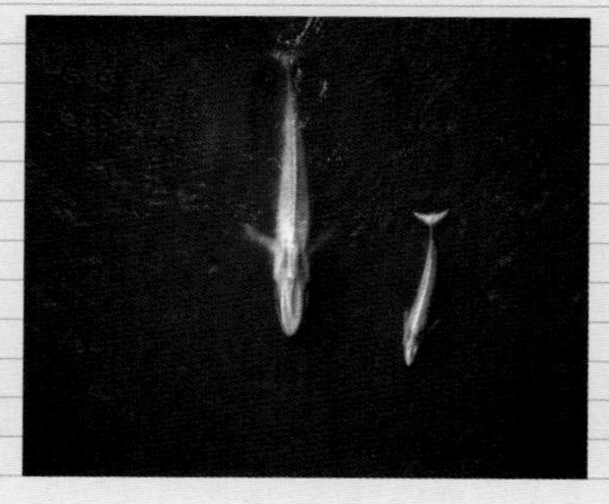

因为鲸油，蓝鲸遭到滥捕，数量骤减。据研究，现存蓝鲸仅数千头，已经成为濒危物种

Q 鸡能飞么？

A 鸡主要作为食用禽类，被饲养在世界各地，现在几乎看不到野生的。它们的祖先原本是生活在东南亚等地的森林中的红原鸡，有飞翔能力。因为它们的肉和蛋比较好吃，所以人类很早就将它们作为家禽驯养了，它们好像也就忘记了飞行这回事。不过，它们也并不是完全不会飞，只要体型不胖，飞到平房的屋顶上似乎不成问题。

鸡的种类十分多样，除了常见的白羽红冠的白来航鸡，还有九斤黄、乌骨鸡、军鸡等

大岩石圈崩塌

5600万年前—3390万年前

[新生代]

新生代是指从6600万年前开始持续至今的时代。在这一时期，哺乳动物、鸟类以及被子植物等取代中生代的恐龙，迎来了全盛时期。不久，在它们之中，一个新的角色隆重登场，那就是我们——人类。

第 35 页 图片 / PPS
第 36 页 图片 / PPS
第 38 页 插画 / 月本佳代美
第 39 页 插画 / 斋藤志乃
第 41 页 插画 / 小堀文彦
第 42 页 照片 / PPS
照片 / 杰琳·埃贝尔（科罗拉多大学）
照片 / 西田治文
第 43 页 照片 / Dpa 图片联盟 / 阿拉米图库
地图 / 科罗拉多高原地球系统公司
照片 / 加拿大图片库 / 阿拉米图库
照片 / 西田治文
照片 / 科尔维特图片社
第 44 页 照片 / PPS
照片 / 阿玛纳图片社
照片 / Aflo
照片 / PPS
照片 / 阿玛纳图片社
照片 / PPS
照片 / 科尔维特图片社
照片 / 日本朝日新闻社
第 45 页 本页照片均由西田治文提供
第 46 页 照片 / PPS
照片 / 设计图片公司 / 阿拉米图库
插画 / 真壁晓夫
图表 / 三好南里
第 47 页 照片 / PPS
第 49 页 插画 / 月本佳代美
第 50 页 插画 / 伊藤晓夫
图表 / 加藤爱一
第 51 页 照片 / Dpa 图片联盟 / 阿拉米图库
照片 / 年代照片库 / 阿拉米图库
插画 / 伊藤晓夫
插画 / 伊藤晓夫

第 52 页 本页照片均由 PPS 提供
第 53 页 插画 / 伊藤晓夫
第 55 页 插画 / 真壁晓夫
插画 / 真壁晓夫
第 56 页 图表 / 三好南里 /C. 利斯戈 - 贝特罗尼 /M.A. 理查兹
图表 / 真壁晓夫
第 57 页 图表 / 三好南里
地图 / C-MAP
照片 / 日本海洋科技中心
照片 / 日本海洋科技中心
照片 / PPS
第 58 页 图表 / 三好南里
照片 / PPS
照片 / PPS
插画 / 伊藤晓夫
插画 / 伊藤晓夫
插画 / 伊藤晓夫
第 59 页 照片 / PPS
照片 / PPS
照片 / 群马自然历史博物馆
照片 /PPS
插画 / 伊藤晓夫
插画 / 伊藤晓夫
第 60 页 照片 / Aflo
照片 / 123RF
照片 / 123RF
照片 / Aflo
第 61 页 照片 / Aflo
第 62 页 照片 / 联合图片社
第 63 页 照片 / PPS
照片 / PPS
照片 / 联合图片社
照片 / Aflo
第 64 页 本页照片均由 PPS 提供

代	纪	世	万年前
新生代	第四纪	全新世	现今—1.17
		更新世	1.17—258
	新近纪	上新世	258—533
		中新世	533—2303
	古近纪	渐新世	2303—3390
		始新世	3390—5600
		古新世	5600—6600（万年前）

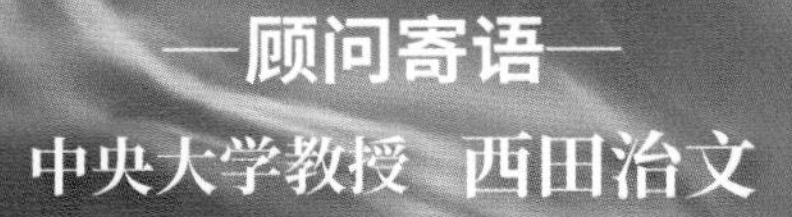

—顾问寄语—

中央大学教授　西田治文

在几十年至一百年的短时间内，令人担忧的全球暖化不断持续。另一方面，在几百万年至数亿年的时间尺度上，在超长地球史上，有着比现在还要温暖的时代。始新世，大约在一千万年的时间里，气温比现在高10摄氏度以上，那是地球最后的温暖时代。这个时代奠定了植被多样性的基础。让我们来看看始新世时期地球发生的变化吧。

新主角们的舞台

怀俄明州的比格霍恩盆地位于落基山脉的一角，现在放眼望去全是干涸的不毛之地。但是这片土地，在恐龙灭绝、迎来始新世的时候，曾经是河水流淌、绿意盎然的热带森林。哺乳类动物成了恐龙灭绝之后生态系统的新主角。这个时代出现了很多哺乳类动物，它们不仅在陆地上繁衍，还向天空和海洋扩张。其中也出现了与现代哺乳类动物相关的物种。向着遥遥无期的“现代”，开始了新的生存竞争。

美国怀俄明州比格霍恩盆地

比格霍恩盆地是位于怀俄明州北部的广阔荒野。根据始于 20 世纪初期的调查，这里有上百个地方发现了化石，对始新世初期哺乳类动物研究来说是非常重要的地方。

争夺森林中的栖身之地

距今大约 5000 万年前，地球的陆地上有着广袤的森林。蕨类植物繁茂如毯，高耸的树木垂叶茂密。地面上蠕动着巨大的昆虫。这里看不见曾经的霸主恐龙的身影，茂密的森林基本被哺乳动物所独占。树上，土里，空中，水边，各种各样的地方都发生着适者生存的争夺战。对于哺乳动物来说，新的竞争开始了。

古偶蹄兽
假熊猴
父猫
始祖马
始镜猴
剑齿虎
始雷兽
强鼠
貘犀

温室地球

极地也会变温带 出现大森林

古近纪始新世的早期，由于全球急速暖化，陆地上出现广阔的森林。但是这和白垩纪为止的森林有着巨大的差别。

因为温室效应，发生了全球变暖的情况

巨大的陨石造成了白垩纪晚期的物种灭绝，给地球带来了短暂的寒冷，但从地球史的角度来看，从白垩纪到始新世，气候一直保持着温暖的状态。其中峰值在古新世和始新世的边界（约5600万年前），据推测，北半球平均气温上升了5至8摄氏度。

当时，大陆四分五裂，北大西洋底部开始扩大。有假说认为，大陆移动造成的火山活跃释放出大量的二氧化碳，海洋底部的甲烷水合物因为板块运动而被熔解，甲烷气体喷出，造成了温室效应。

全球变暖促进了森林的繁茂。低纬度到中纬度地带，热带树林发达，北极圈和南极圈甚至变成了温带气候，出现了大森林。

大森林是新生代生物们进化的场所。植物是怎样度过了白垩纪晚期的危机？让我们来看看吧。

覆盖着温带树林的南极大陆的想象图

全球变暖的始新世早期，南极大陆上蕨类等植被交织，由温带性南极山毛榉类构成的森林一望无际。根据季节的不同，树枝间可能会掩映着极光。

现在我们知道！

北半球和南半球的植被原形的形成

位于北极圈北纬 80 度附近的埃尔斯米尔岛和阿克塞尔海伯格岛上，残留着古新世和始新世时期距今 6600 万年前—3390 万年前的森林化石。

通过水杉和落羽杉科针叶树的年轮可以发现，当时，年轮的间距很宽，有着明显的季节变化，气候适合树木生长。另外，通过木桩直径等数据可以推测，森林里的树木在单位面积上的体积可以与现在的热带雨林相匹敌。

现存的最北部的森林，位于北半球西伯利亚北纬 72 度和北美北纬 69 度之间，生长的植物主要是耐寒的北方针叶树，这样说来，当时的地球应该是极其温暖的。

之前在第 40 页已经谈到，白垩纪也同样有过温暖的气候，始新世森林的特征可以说是有着更加丰富的被子植物[注1]。其中一个契机是白垩纪晚期巨大陨石的撞击。

通过落叶方式度过白垩纪末的危机

在白垩纪晚期，被陨石撞击之前，在高纬度地区已经形成了森林，这片土地上的植物获得了某个特性。

在高纬度地区，夏季的白天特别长，冬季即使在中午也还是傍晚的样子，黑夜漫长。这是白夜和极夜现象。对于许多植物来说，夏天能很好地进行光合作用，冬天则正好相反。叶子的生长离不开养分。于是，在这种环境下生长的阔叶树和针叶树就开始出现“落叶”的属性。在不能进行光合作用的冬天，它们通过落叶来节省能量。

生长在有旱期地区的被子植物也具有这样的性质。现在的地中海气候区或热带季风地区有着很长的干旱期。这时，被子植物就通过落叶来抵御干旱。到了白垩纪中期左右，地球上出现了季节性的干燥地区，被子植物和一部分针叶树就发展出了落叶性。

落叶性对环境变化具有强大的适应力。这就对陨石撞击造成的损伤起到了恢复作用。通过调查北美新墨西哥州和科罗拉多州被陨石撞击后的植被，可以推测出，由撞击后的山火所产生的烟灰覆盖了天空，造成了气温的急剧下降。于是，在这荒芜的大地之上，首先生长出来的是根茎深入地下的蕨类植被。接着复活的是落叶阔叶树。被子植物的枝丫频繁分支，叶腋上有很多休眠芽，受到折断之类的伤害也可以快速恢复。北半球的森林遭到严重的损伤，到了始新世，落叶林迅速繁衍生长。

另一方面，南半球没有受到陨石撞击的影响，在中生代时期

现存的悬铃木属（悬铃木）

悬铃木属是白垩纪出现的被子植物，从古近纪到新近纪都分布在北半球。

北极圈中残留的森林痕迹

加拿大埃尔斯米尔岛上分布木桩化石的化石林。其中粗的直径超过 1 米。这里现在是极寒之地，但是可以看出，当时有着适宜树木生长的气候。

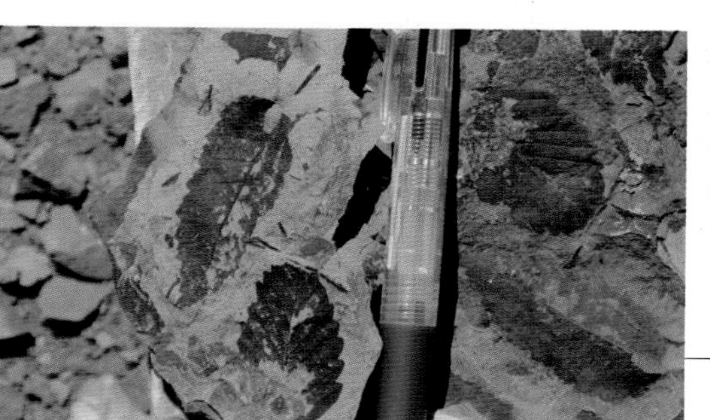

南极山毛榉的化石

南美最南端的大火地岛出土的南极山毛榉的化石。虽然生长在始新世晚期的寒冷期，但是比现在巴塔哥尼亚的南极山毛榉更具有多样性。

始新世的大陆分布和特征性植物化石产地

经过白垩纪末陨石的撞击之后，植物多样性恢复到白垩纪之前的状态要花上 100 万年。度过了始新世的温暖期，以北半球的落叶阔叶林和南半球的南极山毛榉林等为中心形成了温带林。

曼塞尔坑（德国）

出土了保存状态良好的始新世早期化石。常见青冈属、山毛榉、月桂树、椰子、柑橘类等植物化石，这些植物组成了季节性的热带林。

北极圈（加拿大）

在埃尔斯米尔岛（如图）、阿克塞尔海伯格岛上可以看见古近纪的化石林。虽然是高纬度地带，但这里曾经拥有繁茂的温带至亚热带树林，形成过沼泽和湿地。

巴塔哥尼亚（阿根廷、智利）

曾经和南极大陆相连的地区。从植物化石可以看出，自始新世到渐新世时期，种类多样的温带林到以南极山毛榉为主的树林的变化过程。

树木落叶是为了保护自己。

现存的南极山毛榉

南半球特有的树木，在白垩纪晚期左右广泛分布于南极和南美洲。现存种类有常绿类和落叶类，形成了南美洲、大洋洲、新几内亚高地等区域的温带树林。

发现了针叶树和南极山毛榉等阔叶树的影子。之后，始新世晚期的气候变冷[注2]导致南极山毛榉在南美南部等地占据了多数。

始新世之后，被子植物占据主导地位

白垩纪晚期到始新世期间，被子植物的规模压倒性地超越了裸子植物[注3]。被子植物的胚珠（发育为种子的部分）被包裹在子房内，适应干燥的能力强，受精快。和大部分通过风力授粉（风媒）的裸子植物相比，被子植物会借助昆虫和鸟类来授粉、散布种子，可以更有效地扩大生长范围。被子植物早在白垩纪时期就开始多样化发展，陨石撞击的意外促成了北半球冷温带地区中以被子植物为中心的落叶林的繁茂，也可以说决定了它的进化。

科学笔记

【被子植物】 第42页 注1
胚珠被子房包裹、会变成种子的种子植物。种子植物开花，大多通过昆虫授粉。在与昆虫共同进化的过程中，被子植物更有可能发生爆发式的多样性进化。被子植物现在约有25万～30万种，是最繁盛的植物群。

【始新世晚期的气候变冷】 第43页 注2
从始新世晚期到渐新世时期，地球温度急剧变冷。其原因可能是板块运动，南极大陆被孤立，海洋流向改变等等。在这个过程中，极地上的温带性植物的生长扩散受到了限制，逐渐衰退或消亡。

【裸子植物】 第43页 注3
没有子房，胚珠暴露在外的种子植物。虽然在中生代时期繁茂生长，但是现存种类不到1000种，可分为4类：苏铁类、银杏类、球果类、买麻藤类。花粉多依靠风力传播。

近距直击

观赏用的珍贵“硅化木”

通常，植物化石（例如煤炭等）大多作为资源被利用，但是，树木被埋在地下，形成化石的过程中，有时会被乳白色的硅成分替换掉一部分，形成硅化木。保存状态良好的硅化木可以清晰地显示出内部的年轮和细胞。硅化木本身不是特别稀有，但是美国亚利桑那州出产的三叠纪的硅化木色彩艳丽，作为装饰品很受欢迎。

福冈县出土的新生代古近纪的堆积岩形成的硅化木

在亚洲和日本现存的古近纪、新近纪的植物

经历了始新世末到中新世期间发生的气候变冷，又受到第四纪冰河时期的影响，成形于始新世时期的植被发生了变化。曾经到处都是的植被如今只出现在局部地区，它们可以算是始新世之后气候变化的见证者了。

日本金松

裸子植物门金松科。仅存于日本和韩国济州岛。出现于中生代，古近纪时广泛分布于新西兰大陆北部，大多消失于冰河时期。日本列岛受到日本暖流的影响，气候温暖，金松因而存活了下来，在悠仁亲王的印章上也有其图案。

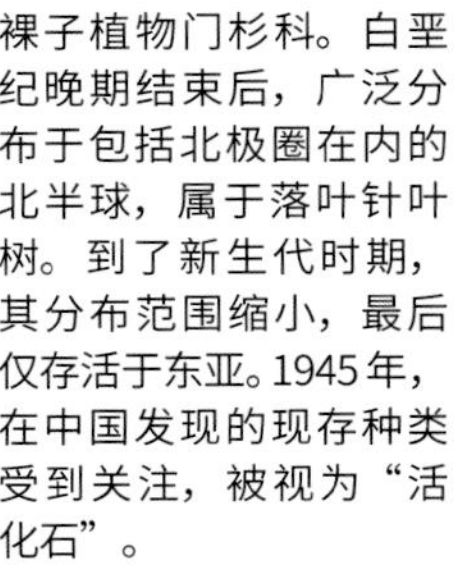

水杉

裸子植物门杉科。白垩纪晚期结束后，广泛分布于包括北极圈在内的北半球，属于落叶针叶树。到了新生代时期，其分布范围缩小，最后仅存活于东亚。1945年，在中国发现的现存种类受到关注，被视为“活化石”。

连香树

被子植物门连香树科，原始形态出现于中生代，是古近纪时广泛分布于北半球的落叶树。现在在日本、中国、朝鲜半岛等地有3种野生品种。

珙桐

被子植物门蓝果树科，自然分布于中国西南部的落叶树。因为花苞看起来像手帕一样，珙桐也叫手帕树。植物学者粉川昭平在报告中说，在日本神奈川县的上新世至更新世的地层中发现了世界首个珙桐化石。

银杏

裸子植物门银杏科，是中生代时期广泛分布的银杏类中唯一的现存种类，存活于中国。现在世界各地可以看到的都是人为移植的品种。银杏是雌雄异株的落叶树。

地球进行时！

让种子长得像果实而得以存活的裸子植物

裸子植物也可能会长出浆果状的种子，通过鸟类等动物散布种子。原本，果实是被子植物特有的器官，裸子植物因为没有子房而无法长出果实。松科中，包裹种子的种鳞变形、变红，成熟后长出套皮。通过这样的努力，松科植物长出了“果实”。起源于南半球的松科现在在北半球也广泛分布。

松科中罗汉松的种托（红色部分）。前端为种子

在始新世的森林里，同时存在着躲过白垩纪晚期灭绝之灾的被子植物、裸子植物和蕨类植物。后来，地球在始新世结束的时候遭遇了气候变冷和气候干燥的情况，草原开始扩大。在这个过程中，被子植物进一步多样化，其他的植物也在新的环境下进化出现代植被的雏形，在中新世晚期（约 1000 万年前），出现了和现代种类相似的祖先群。相对地，裸子植物在新生代的分布范围缩小了，水杉、银杏和日本金松等这些曾经广泛分布的种类，现在只分布于局部地区。与此相反，在北半球高纬度地区，对被子植物不利的严寒气候下，松科形成了广大的树林。

我们现在看到的地球植被，是以始新世为起点，从当初的原形发展而来的。

杰出人物

水杉的发现者

植物学者
三木茂
(1901—1974)

三木在 1939 年发现了类似红杉的未知植物化石。虽然和红杉相似，但是叶子的生长方式不同，所以取了意为“变化、不同、之后”的“meta”作为接头词，将水杉命名为“Metasequoia”。在当时，水杉被认为是已灭绝的品种，但是 1945 年在中国发现了现存品种。1950 年，美国研究员前往中国进行调查，向三木的水杉保存会赠送了 100 株水杉树苗。现在，在日本国内的公园中之所以可以看见水杉，多亏了三木的贡献。

来自顾问的话

植物化石述说巴塔哥尼亚的生态环境变迁

风与冰的世界，孕育广阔森林

巴塔哥尼亚，位于南美洲的南部，在被称为“南边的锥子”（cono sur）的倒三角地区。巴塔哥尼亚被称为世界尽头，不只是因为其荒凉的景象，也因为它是非洲诞生的人类在大陆上迁徙时到达的终点。巴塔哥尼亚的西侧，南北走向的安第斯山脉遮挡了西边太平洋吹来的湿润空气，所以智利的一侧有着茂盛的雨林。

另一方面，阿根廷一侧则为干燥地区。从锥子的前端到南极之间的距离只有 1000 千米而已。因此，巴塔哥尼亚即使在夏天也会遭遇南极吹来的强冷空气，山林中落下的雨水会变成冰川流入大海。

巴塔哥尼亚的森林是副南极冷温带下的寒冷的森林，大部分被仅有的 3 种南极山毛榉占据。在隔海相望的新西兰南部等地区也存在着十分相似的景象。

■古新世的蕨类根茎化石

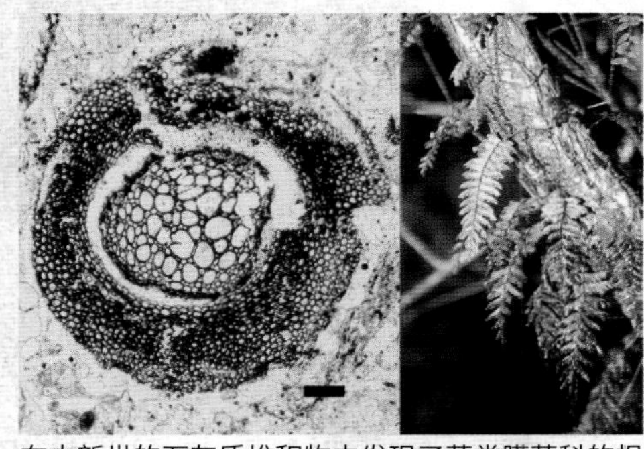

在古新世的石灰质堆积物中发现了蕨类膜蕨科的根茎化石。直径 0.2 毫米。右侧为瓦尔迪维亚型森林中可见的现有品种。其根茎像铁丝一样附着在树干上，在湿度高的地方生长

■南美的南极山毛榉树林

左图为智利南部的南极山毛榉。森林地表略暗，植被少。右图是现在瓦尔迪维亚型森林。其中生长着包含南极山毛榉等多种阔叶树木，罗汉松科、桧树科的针叶树，笔筒树科的木生蕨类，等等

南极山毛榉的祖先出现在白垩纪晚期，以南极为中心，陆续出现于新西兰、澳大利亚还有南美。当时，南极气候温暖，拥有森林和恐龙。除了 K-Pg 灭绝事件时发生的暂时性降温，像这样的温暖期，一直持续到始新世的前半期。

巴塔哥尼亚的南极山毛榉从何而来？

冈瓦纳大陆在侏罗纪时代开始分裂，在白垩纪时期加速分裂，那是南美大陆和南极大陆相连的最后时期。但是，始新世后半期之后，南极和南美开始分离，寒流环绕南极，其结果是，直到渐新世，地球的平均气温大约下降了 10 摄氏度。当然，这个时期的巴塔哥尼亚和南极的植被情况应该都发生了巨大的变化。

从化石遗迹中可以发现，从曾经温暖的白垩纪晚期到始新世，在南极和巴塔哥尼亚的土地上，存在着被称为瓦尔迪维亚型森林的温带混交林。其名称取自从智利南端向北大约2000千米的瓦尔迪维亚市。因为中新世之后的寒冷期，南极的森林逐渐衰退，有些研究认为，其中一部分植被存在某种程度的生物移动，“逃难”至南美大陆。但是，我们的调查发现，在白垩纪晚期，巴塔哥尼亚已经存在多种南极山毛榉。现在适应寒冷气候的南极山毛榉到底是从变冷后的南极迁移而来，还是温暖期时就适应了现在的环境，还有待探索。

西田治文，1954 年生。千叶大学大学院理学研究科硕士课程完成。研究古植物学。2003 年，获得日本古生物学会学术奖。著有《植物的探索之路》等。

随手词典

【古新世—始新世极热事件】

大约在5600万年前发生了全球变暖现象，持续了1万至2万年。据推测，地球北半球的平均气温在此期间上升了5至8摄氏度。因为发生在古新世和始新世的临界点，所以用古新世—始新世极热（Paleocene/Eocene Thermal Maximum）的英文首字母命名，称为PETM。

【地质分析】

海底积蓄的碳酸盐矿物在全球变暖后就减少了，可以表明海水出现了酸化。大气中的二氧化碳急增后溶解在海水中，海水酸化，碳酸钙发生溶解，于是，含有碳酸钙的碳酸盐矿物的堆积就减少了。

【甲烷水合物】

甲烷分子被水包围形成的水合物，在永久冻土或海底堆积物的低温高压的条件下形成冰状结晶的稳定状态。亦被称为可燃冰。

古新世至始新世的温度变化

6600万年前—3390万年前的深海水温变化。通过分析深海底部的堆积物，从氧的同位素记录来推测当时的温度变化。从整体上看，这是温暖的时代，但是在古新世和始新世的交界期，气温突然急剧上升。

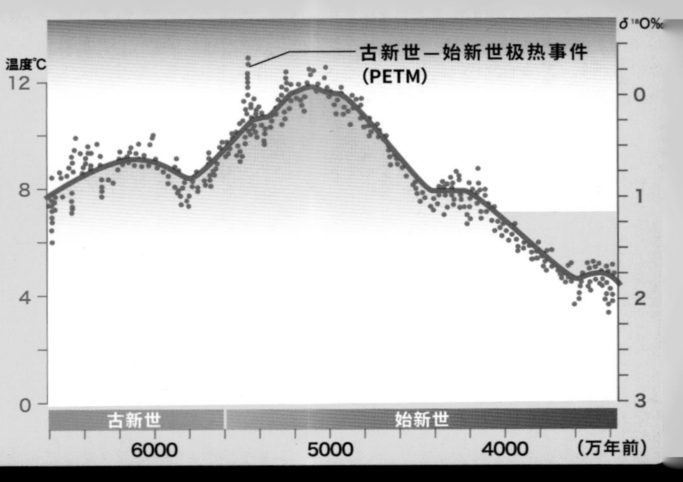

2. 岩浆形成热流，加热海洋底部

上升的岩浆渗入堆积物的层与层之间，形成了板状的岩浆液（基本与地面平行）。这个岩浆液在大范围内加热了海洋底部。

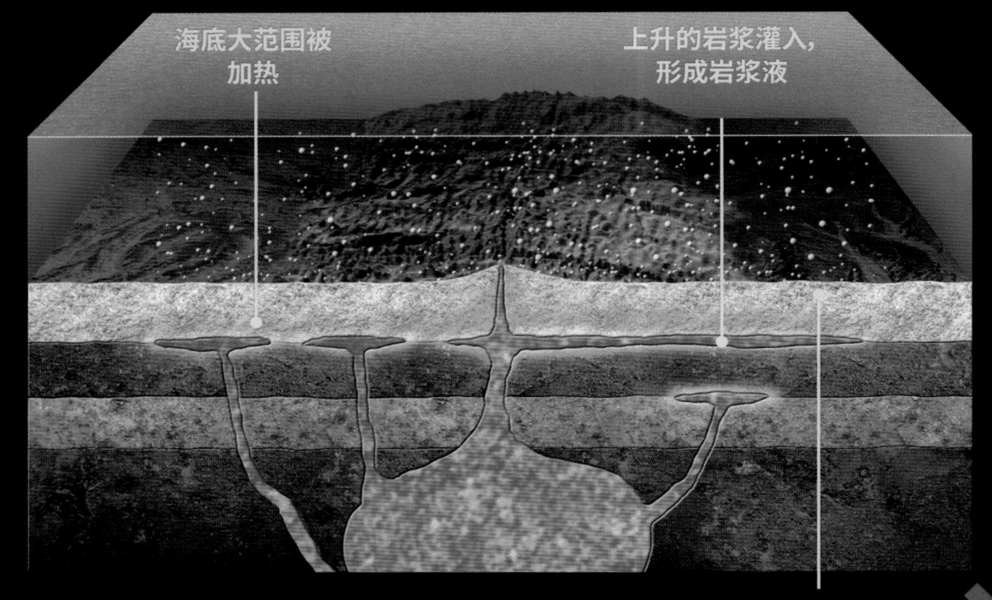

地球进行时！

备受关注的新能源：甲烷水合物

甲烷是天然气的主要成分。丰富的甲烷水合物蕴藏在日本近海。它虽然作为新一代能源而备受关注，但是它主要存在于500米至1000米深的海底地层当中，实际开采使用时会产生高昂的成本。

燃烧的可燃冰。甲烷是天然气的主要成分

观点碰撞

始新世全球变暖的原因在南极大陆？！

关于古新世—始新世极热事件（PETM），有火山活动、彗星撞击等学说。2012年，另有学说称，这是南极大陆的永久冻土溶解释放出甲烷造成的。始新世的全球变暖现象在之后大约300万年间一直持续着，其形成原因至今还有待探索。

这个学说推测，二氧化碳等温室气体的排放源自南极大陆的湿地。照片为阿拉斯加的永久冻土层

原理揭秘

温室地球是这样产生的

1. 海洋底部扩大造成岩浆上升

在这个时期，北大西洋的海洋底层逐渐扩大，由此引发了大规模的岩浆活动，造成了岩浆上升。

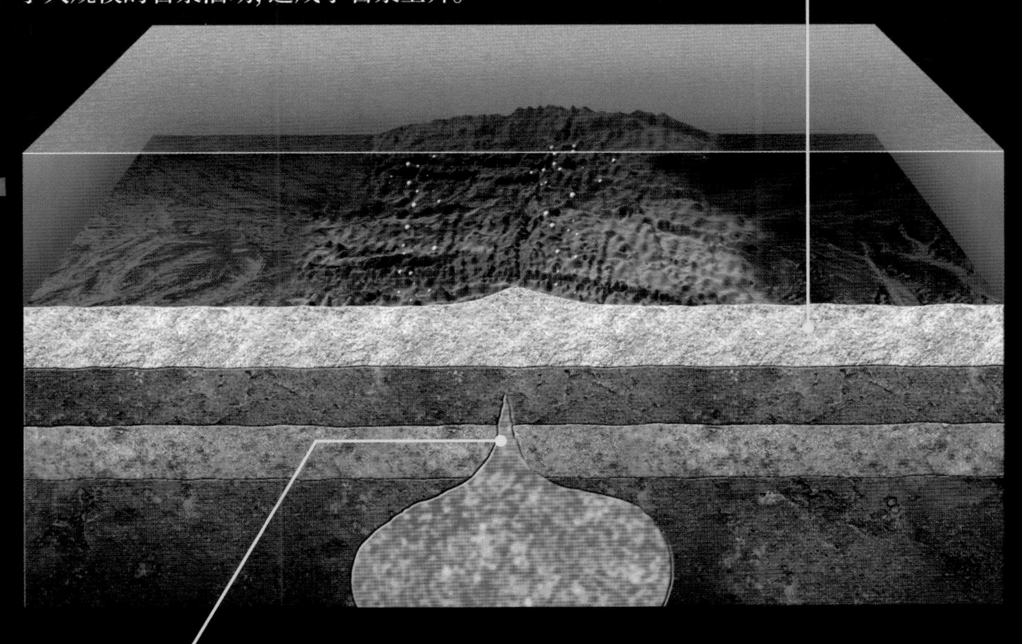
包含甲烷水合物的地层
上升的岩浆

俄罗斯的贝加尔湖中发现的甲烷水合物，据推测，是由挪威海中喷出的甲烷形成的。挪威海中发现了大约800个热水喷出孔

3. 甲烷水合物熔解

海洋底层被加热，积累的甲烷水合物熔解。熔解的甲烷形成热水喷泉，在海水中喷出。

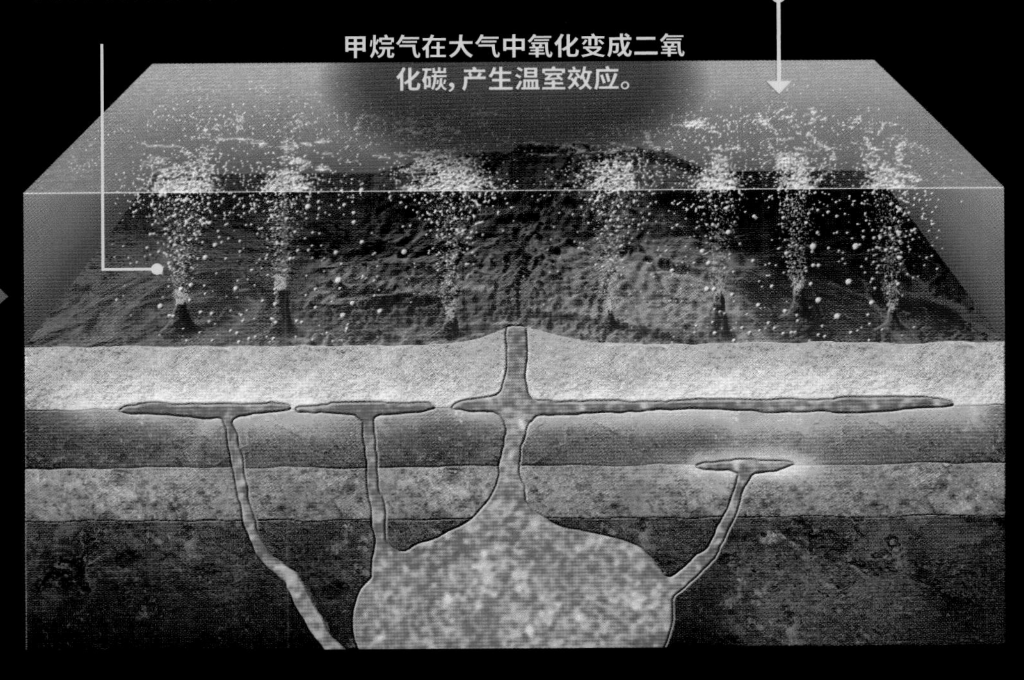
甲烷水合物熔解，甲烷喷出
甲烷气在大气中氧化变成二氧化碳，产生温室效应。

距今约5600万年前的始新世初期，地球的气温急剧上升。古新世—始新世极热事件（PETM）是数千年以内在地质学时间上极短期间内发生的变化，这引起了研究者们的注意。从地质分析来看，这个时期的海水中流入了大量的“碳元素”，海水的温度急剧地升高，当时的地球产生了强烈的温室效应。温室效应的原因还存在着争论，在这里，我们介绍一下挪威研究团队的甲烷水合物熔解学说。

哺乳动物的第二次适应辐射

连接当代的新哺乳动物登场

以往被恐龙们『统治』的大地，被许许多多的哺乳动物占领。由于新的种群出现，生存竞争越演越烈。

哺乳动物开始了“主角”争夺大战。

上天下海、不断进化的哺乳动物

始新世（5600 万年前—3390 万年前）早期，因为全球急速变暖，森林开始繁茂生长。在这样的森林中，究竟生活着怎样的动物呢？

始新世 1000 万年前的古新世（6600 万年前—5600 万年前），地球从白垩纪末的陨石撞击中逐渐恢复，在恐龙曾经生存过的北半球大陆[注1]的小生境（生态位[注2]）里，自然界宛如进行着进化实验一般，纽齿类、全齿类、裂齿类、恐角类等众多哺乳动物正在不断进化。大约在古新世晚期，大地逐渐被哺乳动物占领。

到了始新世时期，局面开始出现变化。根据化石记录，这个时代中出现了许多生存至今的现代型“目”。这些新哺乳动物不仅在地面的生存空间里繁衍，还朝着空中和海上不断进化。这种现象被称为哺乳动物的第二次适应辐射[注3]。这就意味着在哺乳动物中开始了激烈的生存竞争。

让我们一起看看，在茂密的森林当中，后恐龙时代的主角——哺乳动物上演的好戏吧。

始新世的森林想象图

5000 万年前，美国怀俄明州森林的想象
热带森林中，奇蹄类最古老的马科动
祖马成群地移动。在画面的深处，可
见最古老的偶蹄类动物古偶蹄兽的身
在古近纪和新近纪，首先是奇蹄类，
是偶蹄类迅速多样化，它们成为主要
用中大型植物的哺乳动物。

现在我们知道！

哺乳动物开始改朝换代

从古新世到始新世的这一段时间，出现了新进化的哺乳动物。其代表为食草哺乳动物的奇蹄类和偶蹄类。

鬣齿兽
Hyaenodon sp.

食肉的真兽类在第一次适应辐射时登场。古近纪早期，肉齿类动物占据主导，但是不久被食肉类所替代。肉齿类鬣齿兽出现在始新世中期，在渐新世灭绝。体型最大的身长约1米。曾广泛分布于北美、欧亚大陆、非洲。

后浪推前浪，逐渐消失的哺乳类

奇蹄类包含现在的马、犀牛、貘等，偶蹄类包含现在的鹿、牛、河马、野猪等，特别是奇蹄类，短时间之内多样化，占据了始新世到渐新世时期大中型食草哺乳动物的主要部分。

在第一次适应性辐射时，食草哺乳类动物需要和这些“新面孔”竞争，它们各个族群的规模逐渐变小，多样性变低，可能因为某些消极的原因，大部分都在始新世时期灭绝了。

生存竞争的激化涉及各式各样的生态位。侏罗纪出现的多瘤齿类在树上生活了1亿年以上，一直以森林的树枝作为自己的生活圈。然而，古新世出现了啮齿类（包含现有松鼠和老鼠的族群），是多瘤齿动物的竞争者，多瘤齿动物在竞争中迅速地衰退，在始新世晚期消失于北美洲。以树根和根茎为食的纽齿类等族群也在始新世灭绝了，主要原因可能是与偶蹄类的猪形动物（包括现在野猪等族群）的生存竞争。

进驻天空，构筑繁荣的蝙蝠

当然了，也有逃离竞争激烈的地面去天空和海洋寻求新生活圈的族群。

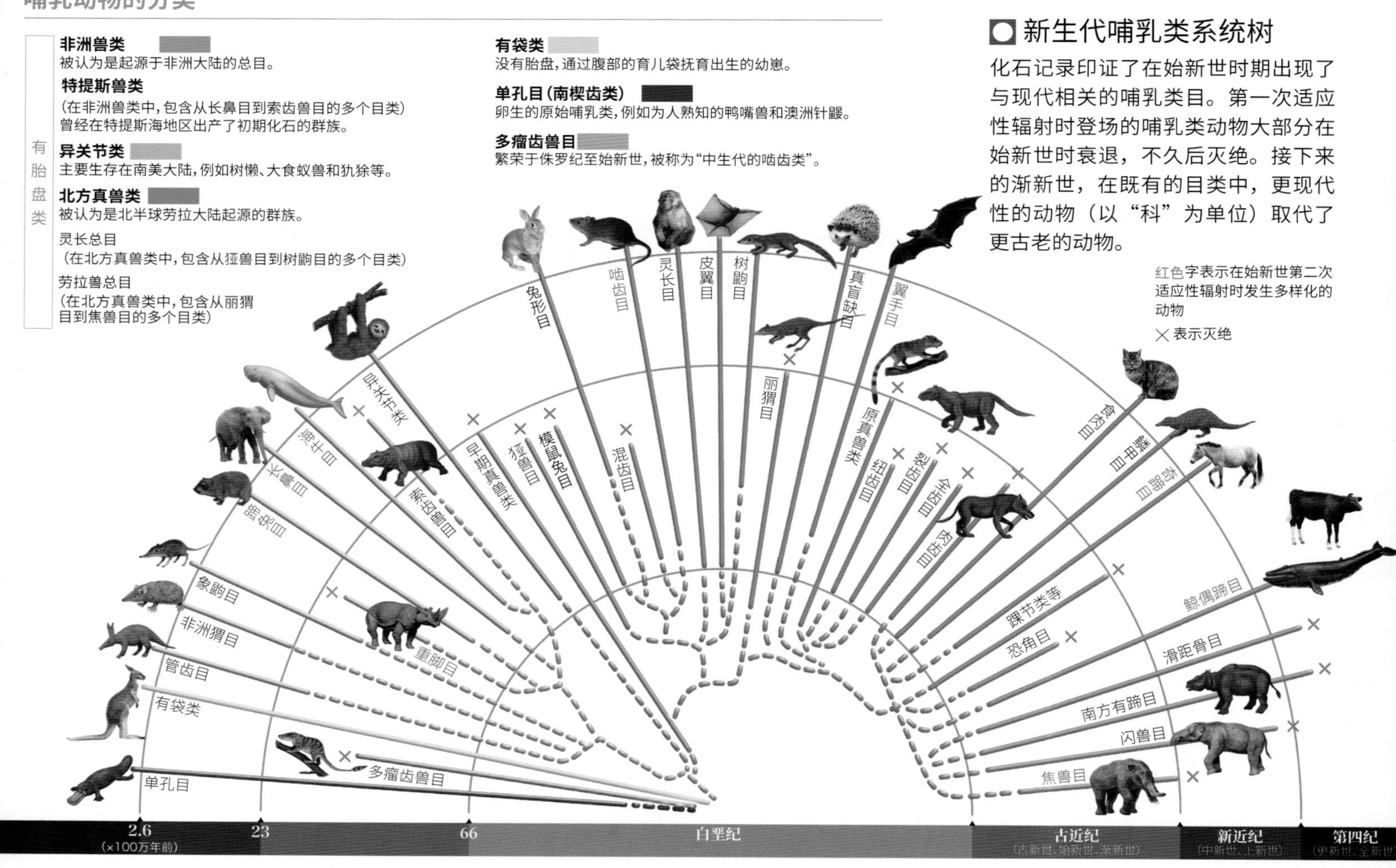

新生代哺乳类系统树

化石记录印证了在始新世时期出现了与现代相关的哺乳类目。第一次适应性辐射时登场的哺乳类动物大部分在始新世时衰退，不久后灭绝。接下来的渐新世，在既有的目类中，更现代性的动物（以“科”为单位）取代了更古老的动物。

德国的曼塞尔坑化石遗址

列入联合国教科文组织的世界自然遗产，始新世化石的出产地。通常，在森林中，动物的尸体会作为腐食动物的食物，头骨会被酸性的土壤分解，很难形成化石。但是当时的曼塞尔有大面积的湖水，湖底呈缺氧状态。因此，沉在湖底的尸体被堆积层覆盖，毛发、羽毛甚至连胃里面的食物和内脏都被完好地保存，形成了化石。

要不是地上都满了，也不会飞上天了吧？

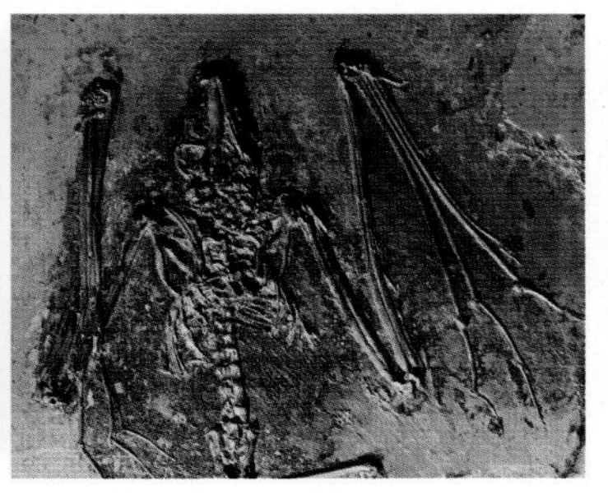

蝙蝠的化石

可以清晰地看到羽翼和皮肤。曼塞尔坑化石遗址的化石非常脆弱，因为挖掘后会迅速变干、破损，所以没能好好保存下来。树脂凝固技术出现之后才终于能够保存化石。

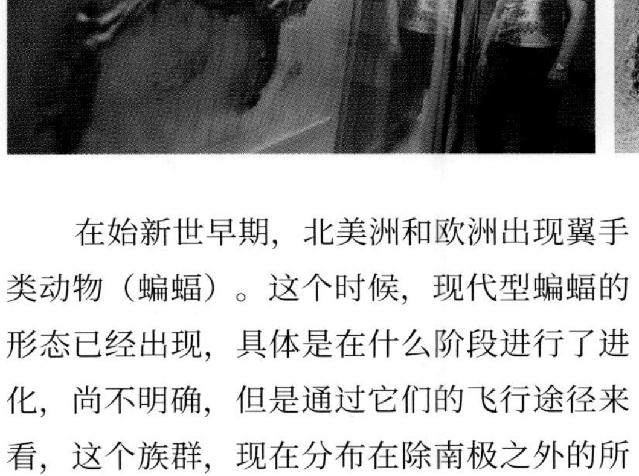

爪蝠

Onychonycteris finneyi

北美报告的始新世早期的原始蝙蝠。身长约 10 厘米。现在的蝙蝠大多通过回声来确定位置，但是从爪蝠耳朵的形状推断，它尚未具有这样的能力。

在始新世早期，北美洲和欧洲出现翼手类动物（蝙蝠）。这个时候，现代型蝙蝠的形态已经出现，具体是在什么阶段进行了进化，尚不明确，但是通过它们的飞行途径来看，这个族群，现在分布在除南极之外的所有大陆上，现存超过 18 科 1000 种。从其种类的数量来看，大约占全部哺乳类动物的 21%，构成了啮齿类（约 42%）之后的第二大族群。可以说，它们以天空为生活圈的战略非常成功。在海里，鲸类和海牛类动物在始新世早期就出现了。

另外，捕食草食动物的肉食真兽类动物，在第一次适应性辐射时，肉齿目和食肉目动物适应了肉食，这两个族群占据了主要地位。原因虽然尚不明确，但是肉齿目到中新世时就灭绝了，猫科、犬科等食肉目动物占据了之后的肉食性哺乳动物的大部分。

如此，这个时代的一大特征就是出现了直到现在还依然存活的哺乳类族群。到了始新世晚期，地球气温下降，干燥地带的范围开始扩大，不久，马和啮齿目等动物适应了草原，哺乳动物继续进化，直到中新世早期基本完成了新旧的交替。

之前也提到过，我们今天在地球上见到的植被情况成形于始新世。动物们也是在这个时代逐渐形成了现代哺乳动物的形态。

【北半球大陆】 第48页 注1

白垩纪末至始新世早期，欧洲和北美洲的陆地毗邻，而且北美洲和亚洲曾经通过白令陆桥相连，北半球的哺乳动物在相邻的大陆广泛分布（参照第11页的大陆分布图）。另外，南美处于新生代的时期，与其他大陆没有连接，有袋类、南方有蹄类动物独自进化。

【生态位】 第48页 注2

各种生物种群在环境的生存竞争中胜出而取得的地位和角色。获得生态位的生物种群可以在生态系统内稳定地生存。

【适应辐射】 第48页 注3

拥有同一起源的生物适应不同环境而分化出其他系统的过程。恐龙灭绝这样的事件会导致生态系统大规模被扰乱，生态位出现空白。进化的生物与种群（哺乳类）在适应多种多样的环境时便会发生种类分化、适应辐射。

近距直击

多瘤齿兽类为什么会输给啮齿类？

侏罗纪登场的多瘤齿兽类生活在树上，拥有食用植物的牙齿和下颚，作为初期的哺乳类动物，曾经拥有非常先进的体型。即使在恐龙全盛时代，它们的地位都不曾动摇，还在白垩纪的大灭绝中存活下来。那么，它们到底为什么会输给啮齿类动物呢？据推测，可能是因为多瘤齿兽动物是卵生动物，而啮齿动物是胎生动物，研究者认为，这一区别有可能造成了后代繁衍情况的巨大差异。

多瘤齿兽类的羽齿兽，被认为和松鼠一样擅长爬树

※ 1999 年之后，根据分子系统学的研究，鲸类和河马类属于近亲的学说成立，原来的鲸目和偶蹄目合并，确立了鲸偶蹄目（鲸类和河马类被归类于鲸偶蹄目中的鲸河马形类）。此处，将鲸偶蹄目中除了鲸类中的动物统称为“偶蹄类”。

地球进行时！

是什么导致了奇蹄类的灭亡？

奇蹄类，现有种类和化石类加起来有17科240属以上，但是现在只有马科、貘科和犀牛科的3科6属还生存着。因为不敌与偶蹄类的竞争，奇蹄类自身面临着灭绝的危机。由于偷猎和自然破坏，犀牛科的数量急剧减少，可以说，人类加剧了奇蹄类的灭亡。

为了防止不法分子猎取犀牛角，事先切掉犀牛角也是一种保护对策

随手词典

【奇蹄类和偶蹄类】

两者最大的不同在于支撑体重的中心轴。奇蹄类的中心轴是通过第三趾（中趾）。现代牛的左右趾消失了，只剩下一根第三趾。另外，偶蹄类的中心轴在第三趾和第四趾中间。

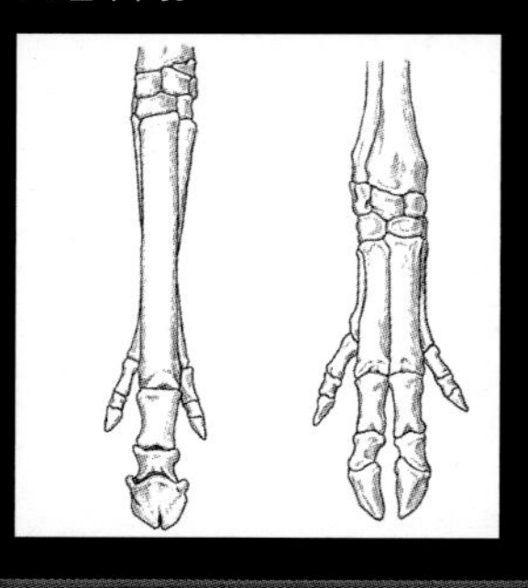

（左）奇蹄类马科副马（中新世）的前肢。承受体重的第三趾比左右趾更大。（右）偶蹄类现代野猪的前肢。可以看出第三趾和第四趾共同支撑着体重

鹿科

偶蹄类中仅次于牛科数量繁多的一种。也有像驯鹿等种类适应寒冷地区的生活。

牛科

现代大型哺乳类动物中个体和种类的数量最多。现在的肉牛和奶牛都是绝种原牛的家畜化品种。

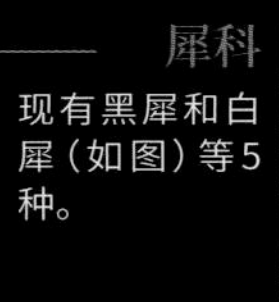

犀科

现有黑犀和白犀（如图）等5种。

貘科

因为渐新世的全球降温，栖息地减少。现存品种生存在热带和亚热带森林中。照片为马来貘。

马科

现代马科有马、驴和斑马等1属8种。

犀科 ← 奇蹄目整体有衰退的趋势

× 两栖犀科

× 跑犀

貘科

× 砂犷兽科

马科 ← 马科进化成适应草原

砂犷兽 | *Chalicotherium sp.* |

砂犷兽科。中新世早期至上新世早期。前肢比后肢长，走路的样子像大猩猩。

第四纪（更新世、全新世）	上新世（新近纪）	中新世（新近纪）
258万8000年前～现今	533万3000年前～258万8000年前	2303万年前—533万3000年前
冰期、间冰期反复	全球降温，气候干燥	中纬度地域草原扩大

骆驼科 ← 随着气候越来越干燥，骆驼科出现多样化

× 石炭兽科

× 巨猪科

× 原角鹿科

西貒科

野猪科

西瓦鹿

| *Sivatherium sp.* |

长颈鹿科。上新世早期至更新世晚期。因为在撒哈拉沙漠洞穴的壁画中，有描绘相似的动物，所以它可能一直生存到全新世。

× 郊猪科

× 岳齿兽科

× 新兽科

× 异鼷鹿科

× 美鹿科

鼷鹿科

× 吉洛鹿科

叉角羚科

× 始鼷鹿科

长颈鹿科

鹿科 ← 鹿科在灌木林等广泛繁衍扩散

原麝科

牛科 ← 适应草原环境的牛科，种类增加

河马科

河马科

现代有2种。其共同祖先据说是鲸类。

原理揭秘

奇蹄类和偶蹄类进化的过程

箭头指示的是现代科，×是灭绝科。科名上带有"×"的是在分类学上不确定的动物。

※ 1999年之后，根据分子系统学的研究，鲸类和河马类属于近亲的学说成立，原来的鲸目和偶蹄目合并，确立了鲸偶蹄目（鲸类和河马类被归类于鲸偶蹄目中的鲸河马形类）。此处，将鲸偶蹄目中除了鲸类中的动物统称为"偶蹄类"。

巨犀属
Indricotherium transouralicum
跑犀科。始新世晚期至渐新世晚期。身长约7.5米，是史上最大的陆生哺乳类动物。

奇蹄类动物继续多样化，基本聚齐了所有"科"

× 犀貘科
× 外平脊齿貘科
× 脊齿貘科
× 外棱貘科
× 戴氏貘科
× 沼貘科
× 古兽马科
× 雷兽科
× 兰布达兽科

也有因为全球降温、森林减少而灭绝的种类

王雷兽
Brontotherium sp.
食用树叶，因始新世末森林减少而灭绝。

始祖马
Hyracotherium sp.
始新世早期最古老的马科动物。前肢有四趾。

奇蹄类

虽然也有例外，但是奇蹄类因为有1根或3根的奇数根蹄而得名。支撑体重的中心轴位于第三趾（中趾）是其一大特征（发现与奇蹄类不同的已灭绝的南方有蹄类也有此类中趾）。被发现最古老的化石是古新世和始新世临界时期的产物，在那个时候，已经分化了好几个科了。

渐新世（古近纪）	始新世（古近纪）	古新世（古近纪）
3390万年前～2303万年前	5600万年前—3390万年前	6600万年前—5600万年前
因为气温低，植被发生变化	气温到达高峰，热带森林增加	持续温暖

× 剑齿兽科
× 双锥齿兽科
× 无防兽科
× 长尾猪科
× 智鲁负鼠目
鲸类

偶蹄类多样化，和奇蹄类竞争

古巨猪
Archaeotherium sp.
猯科（巨猪科）。始新世晚期至中新世早期。体形和现在野猪相似的大型动物。

古偶蹄兽属
Diacodexis sp.
双锥齿兽科。存在于始新世早期，最古老的偶蹄类。居住在森林里，以树叶等为食。

偶蹄类

以蹄根数量一般为2或4的偶数而得名。支撑体重的中心轴在第3趾和第4趾之间。另外，牛科等动物进化出了"反刍"的独特消化方式，吃进去的食物还能返回口中咀嚼。已知最早的化石时间为古新世和始新世的交界期。

始新世出现的奇蹄类和偶蹄类一边追赶着古新世那些古老的哺乳动物，一边成为始新世之后哺乳动物的重要部分。奇蹄类动物在始新世中期快速地分化出已知的所有的科，在短时间内进行了多样化。奇蹄类构成了始新世至渐新世中大中型哺乳动物的主要部分。

另外，偶蹄类比奇蹄类稍微晚一点，在渐新世之后进行了多样化。特别是在中新世以后，奇蹄类开始衰退，偶蹄类取代奇蹄类在第四纪以后达到繁荣。而且，在始新世的时候，鲸类向海洋进发。

始新世板块大重组

板块运动方向改变 发生大重组

始新世的地球上，植物和动物的模样发生着巨大的变化，事实上，地下也在发生着巨大的变化。

不断积累的板块残渣会造成大崩塌？

地球的地壳运动大多与板块运动有关。板块在海岭产生，经过漫长的地球史岁月，向着海沟下沉。这个运动就像传送带或自动扶梯一样。但是，下沉的板块去了哪里？

虽然不能直接透视地球的内部，但是通过地震波的观测，可以识别岩盘的硬度和温度差异。通过这样的方式得知，向海沟下沉的板块横亘在地下 660 千米左右。这个残留的板块被称为滞留板块或者大岩石圈。

传送带或自动扶梯会从一端转一圈回到原点，但是看起来，板块的运动并不是如此简单。而且，不断积累的残留部分会下落至地幔的最底部，可能会在某一时刻引起板块运动的巨大变化。这个在 5000 万年前—4000 万年前发生的事情被称为“始新世板块大重组”。

地核-地幔边界上崩塌的板块

非洲

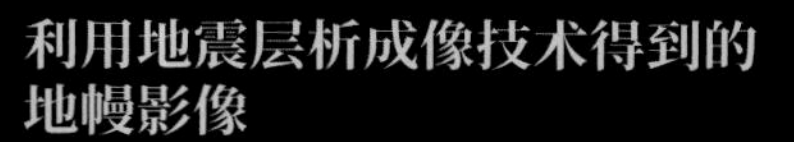

利用地震层析成像技术得到的地幔影像

利用地震波的传播方式产生的地球断面照片，通过地震层析成像推测地幔的样子。蓝色部分是地震波速度快的低温区域，红色部分是地震波速度慢的高温区域。由此可以发现从日本海到东亚深度 660 千米的上地幔和下地幔的边界附近（地幔迁移层）横亘着低温物质。这是下沉板块滞留形成的物质，所以称为“滞留板块”。

积累的板块在地球上发生了什么？

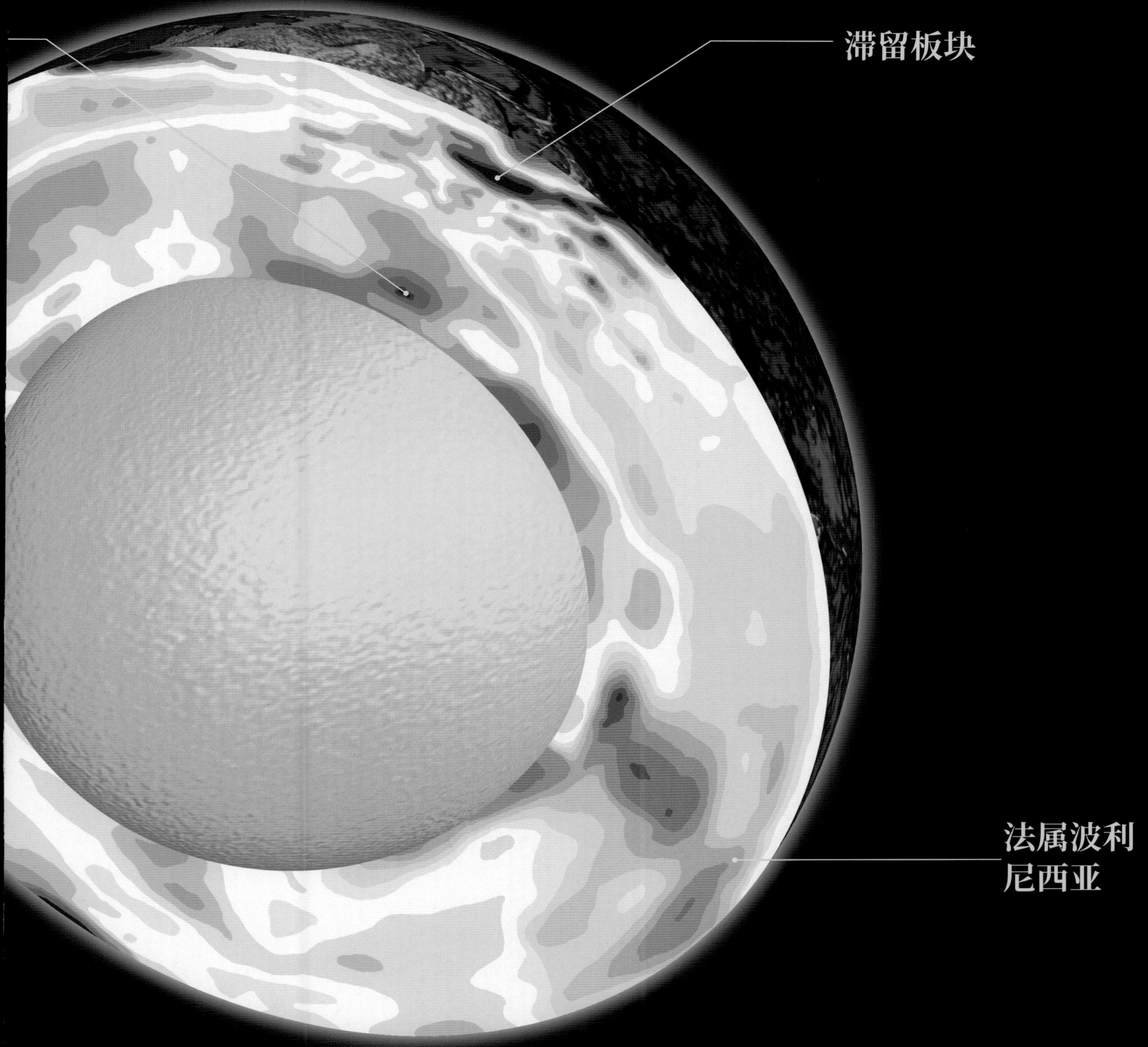

热点地区构成的海底山队列

热点地区是地幔深处的上升热源引起的火山活动而形成的地方。因为热源的地点不会发生变化，所以由于板块移动从而诞生了新的火山。从夏威夷诸岛到天皇海底山有超过20个海底山，可以看出，在移动途中，板块的运动方向发生过变化。

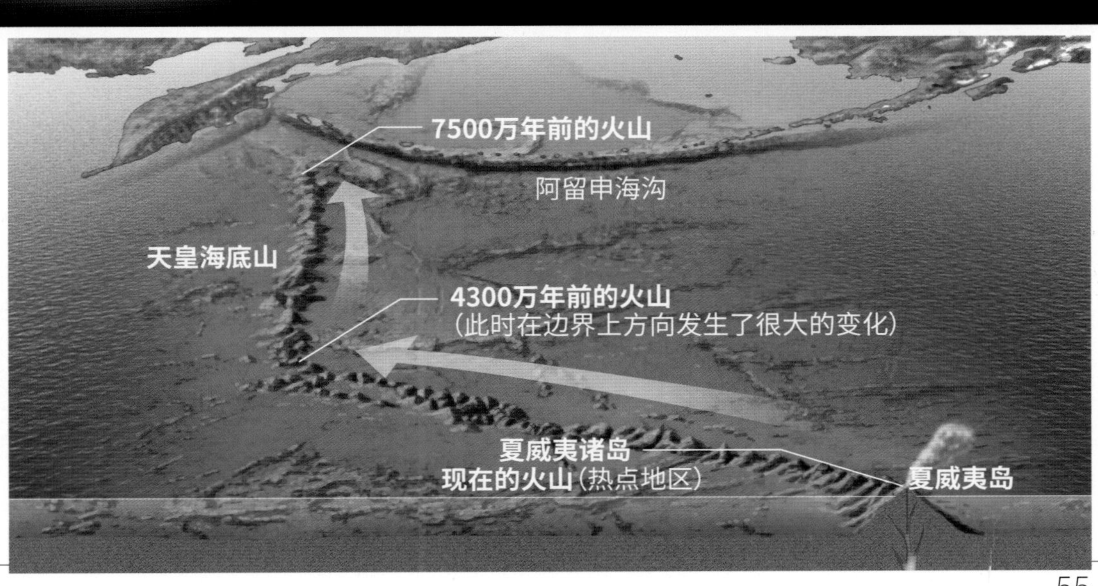

现在与始新世的板块运动比较

箭头是各个板块运动的方向和速度（大陆布局为最新版）。地球最大的板块——太平洋板块，它的运动方向可以看出是向北向西方向变化的。另外，也有正在消亡的板块。

1万年前—现今

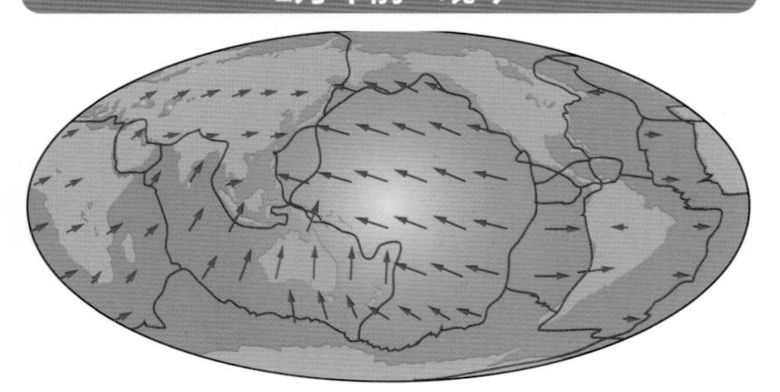

5600万年前—4800万年前

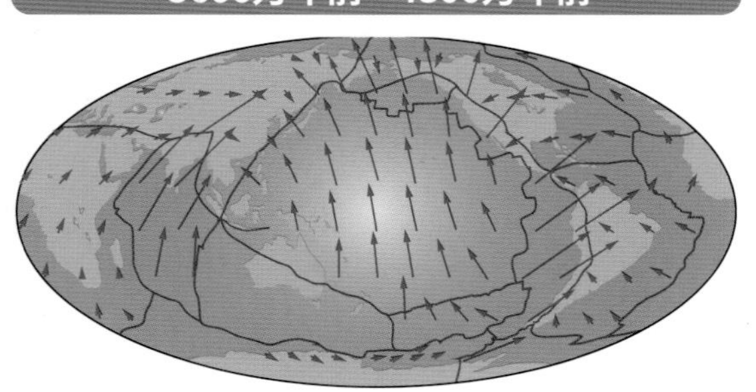

你知道板块的方向和速度会发生很大的变化吧？

现在我们知道！

滞留板块的崩塌板块大重组

板块运动方向发生变化的地区被称为热点地区，是地幔深处的热源引起的火山运动而产生的。

热点地区虽然不会移动，但是因为表面的板块移动，死火山点状相连，板块运动在海底留下了痕迹。从天皇海底山到夏威夷诸岛相连的海底山虽然是这样形成的，但并不是一条直线（参照第55页下方图）。这是由于4300万年前始新世时，太平洋板块的运动方向发生了巨大的变化。

板块发生过消亡和合并

这个时代变化的不只有太平洋板块。曾经各自分离的印度板块和澳大利亚板块合为一体，变成了印度-澳洲板块。此时，马里亚纳海沟、汤加海沟等新海沟也在生成。另外，南北美洲大陆下方下沉的法拉龙板块朝南北方向分裂，北边的库拉板块被海沟吞噬后消失。

这真可谓是地球规模的大重组，重组原因的线索就藏在当今的地球之中。

一般来说，地震波的传播速度随着深度的增加而变快。这是因为深处压力增加，物质被压缩得更硬（密度更大）。相反，物质的温度升高，物质变软后，地震波在其中的传播速度就会变慢。如果地下深处的地方和周围的温度存在差异，那么这里的地震波传播速度就会出现差异。通过这样微小的差异，就可以检测出地下物质的密度和温度。

上述观测的结果我们在第54页提到过，地下660千米附近存在着正在堆积的滞留板块[注1]。在日本列岛下方观测到的滞留板块长约2000千米。在其他的海沟附近也发现存在堆积或开始向深处下沉的滞留板块。

板块滞留的部分被称为“地幔迁移层[注2]”，在上地幔和下地幔边界的附近。下地幔的黏性是上地幔的20～30倍，板块下沉时可以起到缓冲作用。另外，在这个边界处，上地幔的主要矿物——橄榄石在高压作用下分解成高密度的矿物。但是，根据物质温度的不同，发生分解的压力（深度）也会不同。在这里下沉的较冷的板块如果不在比周围温度高的更深的地方的话，就不会发生分解。因此，虽然下沉了，但是相较周围已经发生分解的地幔，较凉的板块密度更低，因为轻所以产生了浮力，不能继续下沉，从而成为滞留板块。

板块运动和地幔对流

下沉的板块终于在地幔最下部崩塌，之后经过很长时间，向地幔涌出的地带移动，通过热膨胀获得浮力，成为超级地幔柱后再次出现在地幔的上部。

各地发现的滞留板块

环太平洋有多处下沉地带。地下 660 千米附近多为滞留板块，更深处也有还在下沉的板块。地图上红色的线表示海沟。

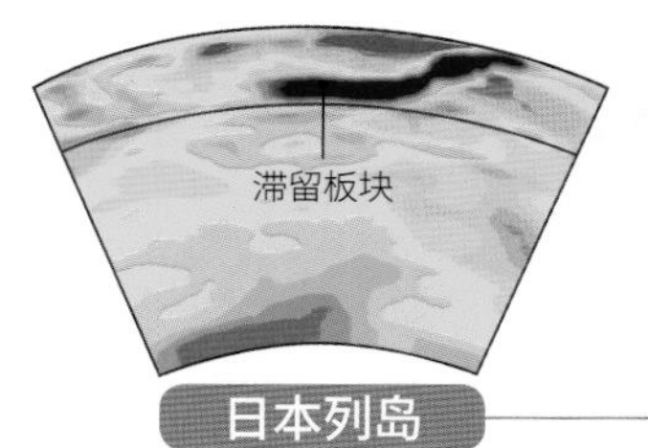

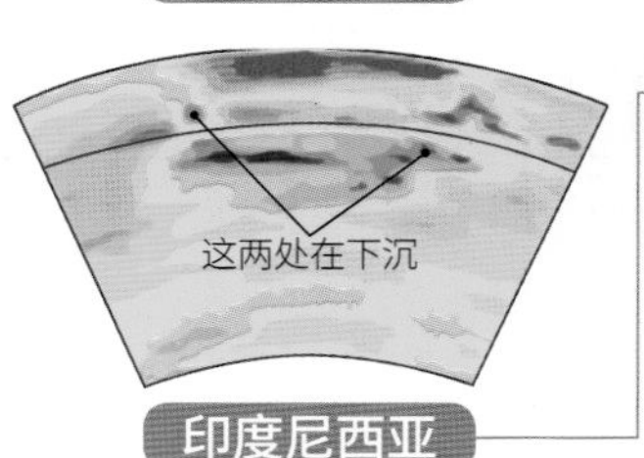

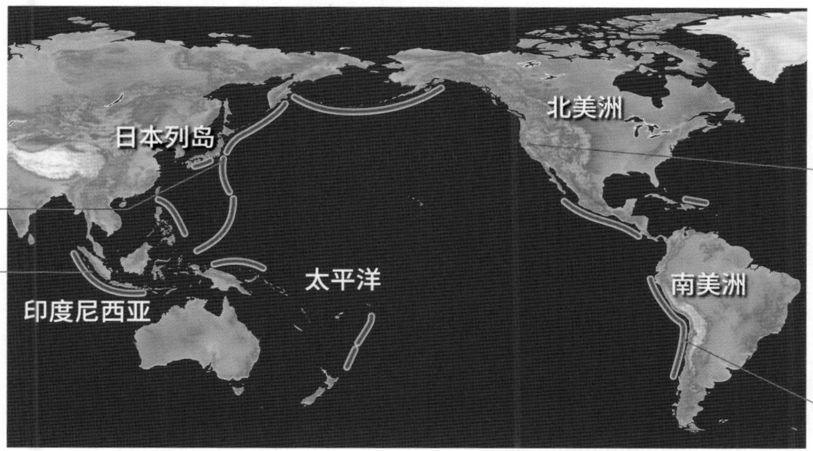

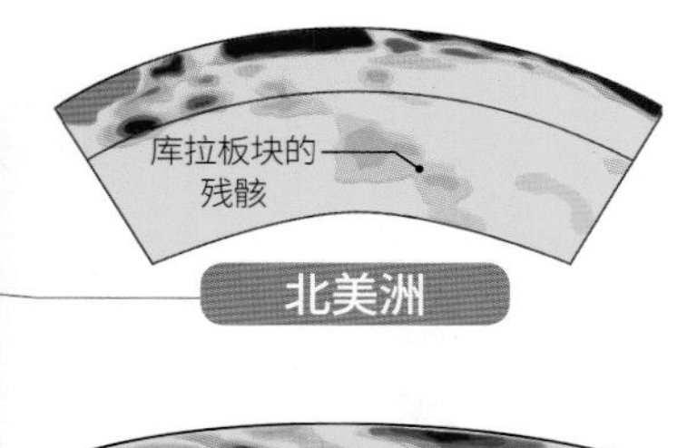

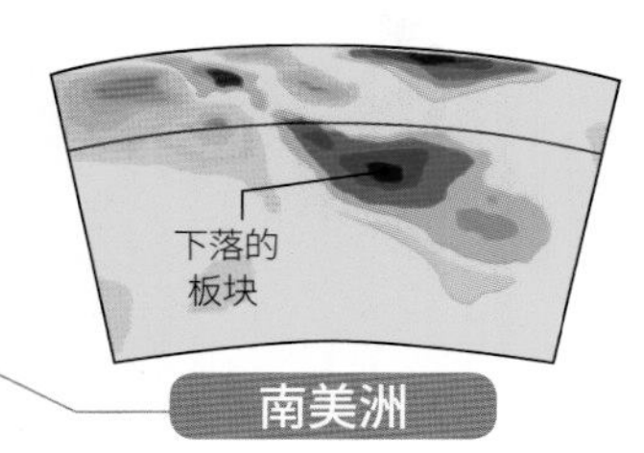

滞留板块的调查

通过深海调查研究船“KAIREI”号上装载的广域海底地震针、海底电磁力针等观测仪器在太平洋板块和菲律宾海板块上调查。

海洋研究开发机构的深海调查研究船
“KAIREI”号

科学笔记

【滞留板块】 第56页 注1

指停滞不流动的板块，也叫大岩石圈。

【地幔迁移层】 第56页 注2

指地下约660千米处，上地幔和下地幔的边界附近。因为20万大气压、约1400°C的高温高压状态，物质会发生相变，物质的结晶构造会发生变化。所谓相变，比如水(液相)变成水蒸气(气相)，是物质的每个部分(相)由于温度或压力等原因从一种相变成另一种相的过程。

【超级地幔柱】 第57页 注3

大规模的地幔上涌。根据海底地形的痕迹推测，在白垩纪时期曾有岩浆伴随超级地幔柱喷出。

崩塌的板块会产生巨大的上升流

但是，不断堆积的板块最终会因为重力的原因向下地幔崩落。此时，板块的平衡被打破，运动方向和移动的速度会改变，会产生新的海沟。

另外，掉落在地幔最下面的滞留板块会变成什么呢？通过模拟，发现由于下地幔的流动，它在太平洋的地幔溢出地带朝着正中央移动。在这个移动过程中，从下面被带上来的热量和矿物中的放射性元素衰变所释放的热量产生了热膨胀，使它获得浮力，由此产生了被称为超级地幔柱[注3]的巨大上升流。

板块运动和地幔对流虽然一眼看上去会被人认为是缓慢的稳定的运动，但是会在某个时候突然发生变化。始新世的板块大重组就是确凿的证据。

近距直击

地幔是宝石的世界吗?

橄榄石是含有铁和镁的矿物，是上地幔中形成的主要岩石。它被玄武岩和辉长岩包裹，呈绿色透明状，结晶纯度高，作为宝石而受到欢迎。橄榄石在深度 660 千米附近受到压力会分解。通过橄榄石分解的深度可以区分上地幔和下地幔。人类尚未直接看到过地幔，说不定在那里有个到处都是宝石的美丽世界。

橄榄石的结晶

狗和猫

| *Dogs and Cats* |

与人类长时间相伴的动物们的起源

无论是宠物猫、捉老鼠的猫、猎犬还是看门狗，猫和狗都是人类亲密的朋友。它们共同的祖先出现在古新世。犬科和猫科出现多样化的时间分别在始新世晚期之后和中新世早期之后。来探索一下这些动物们的起源吧。

犬科和猫科的进化

狗和猫属于食肉目，有犬科、熊科、鼬科等犬型亚目，由猫科、灵猫科、鬣狗科等猫型亚目组成。它们都是由原始的食肉目“小古猫科”进化而来的。(近几年，因为发现小古猫科不再是单系统，严格来说不能作为科进行分类，所以在此打上引号。)

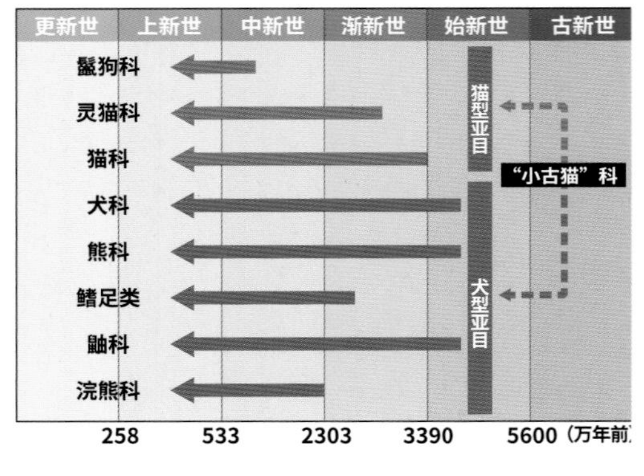

【剑齿虎】

| *Smilodon* sp. |

广泛分布于北美洲到南美洲的大型食肉类动物。它们有着像锯齿一样非常长的尖牙。它们以牛或者骆驼作为猎物，尖牙可以将皮肤下的血管切断，造成猎物失血而死。为了有效利用尖牙，它们的下巴可以张开到120度。

特征：和其他猫科动物相比，尾巴较短

数据	
分类	食肉目猫科
年代	上新世晚期至更新世晚期
分布	北美洲、南美洲
身长	肩高约1米

【拟狐兽】

| *Vulpavus* sp. |

是像猫的小型动物，有着短而结实的四肢，被认为是猫和狗共同的祖先。拟狐兽头骨长，体形像是黄鼠狼，生活在树上或陆地上，以树上生活的哺乳类动物为食。

数据	
分类	食肉目“小古猫科”
年代	始新世早期至中期
分布	北美洲
身长	头身长约50厘米

体形瘦长为主要特征

文明与地球 被埋葬的宠物

狗和猫是从什么时候开始和人类有羁绊的?

尼安德特人的生活想象图。那时狗应该是他们的伙伴

在地中海的塞浦路斯岛的遗迹中发现了9500年前新石器时代和人类一起埋葬的狗的骨头。这只狗体形大，和现在的利比亚山猫很接近。另外，大约3万5000年前，在叙利亚尼安德特人的洞窟遗迹里挖掘出多个犬科个体的遗骨。其牙齿的形状和家养的狗相似，相传是最早被驯养的狗。

【短剑虎】

| *Machairodus* sp. |

中新世早期以后，猫科在1属之外又出现了更多样化的形态。短剑虎起源于欧亚大陆，中新世晚期约800万年前，广泛分布于非洲。虽然和现存的狮子很像，但是头骨相对于身体来说较小，脸型比狮子更长。

非洲猫科的捕食者中的重要存在

数据			
分类	食肉目猫科	分布	非洲、欧洲、亚洲、北美洲
年代	中新世晚期至更新世早期	身长	肩高约1.2米

【恐狼】

Canis dirus

出现在约 100 万年前，约 1 万年前灭绝，灭绝种类和现在的狼相似。比起自己狩猎，它们被认为与鬣狗一样吃腐肉为生。因为除了有 1 种鬣狗之外，猫型亚目没有出现在美洲大陆，中新世时恐狼和繁盛的恐犬属一起占据了犬科的生态位置。

虽然体形像狼，但比狼更强壮

数据	
分类	食肉目犬科
年代	更新世
分布	北美洲
身长	头身长约1.4米

【非洲野猫】

Felis silvestris lybica

Photo／PPS

生活在非洲北部到西亚地区，山猫的一个亚种。生活在半沙漠或森林等多样环境中，捕食小型哺乳类或鸟、昆虫等。调查猫科动物的 DNA 后，推测现在的家猫是以非洲野猫为原型被家畜化的产物。

数据	
分类	食肉目猫科
年代	更新世至现今
分布	非洲北部、西亚
身长	体长约50～70厘米

是被全世界宠爱的家猫祖先

【黄昏犬】

Hesperocyon sp.

犬科作为化石记录出现于约 3800 万年前的始新世晚期，此后以北美为中心发生进化。黄昏犬是犬科中最早期的一个群体，牙齿的构造虽然像犬科，但是拥有非常长的尾巴，从整体体态来看，会被认为与猫鼬等动物相似。

从裂肉齿的生长可以看出它是食肉的

数据	
分类	食肉目犬科
年代	始新世晚期至渐新世晚期
分布	北美洲
身长	头身长约40厘米

近距直击

犬型和猫型有什么区别?

擅长集体行动的“犬型”和独来独往的“猫型”是猫和狗的区别，也用来指代人的性格。它们的习性到底是怎样的？狼总是成群结队地捕猎。人们在驯养狼的时候，很好地利用了它们服从领袖的习性，使它们最终成为猎犬和看家犬。而另一方面，除了狮子之外，猫是单独行动的动物，会划定自己的地盘。关于猫是如何被驯养的，有诸多说法，其中一种说法是，因为居住在人类的周围，猫便把此地作为自己的领地从而驱赶了老鼠，作为一种这样的存在，猫和人类产生了联系。

成群结队的灰狼

【大陆狼】

Canis lupus

也叫灰狼。广泛分布于北半球，有欧洲狼、西伯利亚狼和曾经在日本生存的日本狼等多个亚种。以首领为中心，成群捕猎大型草食动物。据说家犬是从灰狼驯化而来的。

自然开发等人为因素使一部分亚种面临灭绝危机

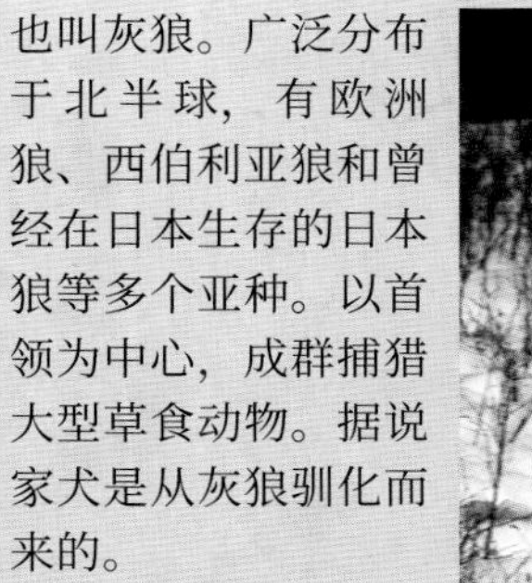

数据			
分类	食肉目犬科	分布	欧洲、亚洲、北美
年代	现今	身长	体长约1.5米

被森林环绕的“宝石”

普利特维采湖群

普利特维采湖群国家公园位于克罗地亚的中西部。普利特维采湖的上游，湖水在山间流淌，92 个大大小小的瀑布像台阶一样连接着 16 个湖泊，在这里可以看见欧洲首屈一指的美丽景观。湖的周围生长着郁郁葱葱的山毛榉和枹栎。随着世界上天然森林的逐渐减少，这里的存在显得弥足珍贵。

在森林和湖泊中生活的动物们

狼

现存最大的犬科种类。没有集群性，捕食驼鹿或驯鹿等大型哺乳动物。面临灭绝的风险。

翠鸟

特征为鲜艳的蓝色翅膀。全长约 17 厘米。和身体相比，头部较大，有较长的喙。会飞入水中捕食鱼类。

欧亚水獭

鼬科的一种。四肢有蹼，身体可以适应水中的生活。可以游动潜水几分钟。

雕鸮

猫头鹰科的一种。最大的品种全长约 70 厘米，在猫头鹰中属于体形较大的一种。夜行动物，以捕食小型哺乳动物为主。

翡翠绿般梦幻的湖泊

在国家公园内有着白垩纪时期由石灰岩形成的高地。翡翠绿的湖泊像台阶一样相连，经过石灰华长时间的堆积形成了“天然的水坝”。受到 20 世纪末内战爆发的影响，虽然暂时被记录为危机遗产，但是幸好没有受到大的破坏。

地球之谜

地球空洞说

地球内部存在其他世界吗？

15世纪至17世纪的大航海时代，有人认为在地球的内部应该也存在着未知的世界。对于至今为止谁也没有见过的地球内部，他们是怎么说的？

最先提出地球空洞说的科学家是哈雷彗星的命名者爱德蒙·哈雷。

1720年，哈雷担任皇家格林尼治天文台（当时）的台长。1692年，他为了说明极地的磁场变动，提出“地球内部是空洞的”这一假说，猜测地球内部有和水星、火星、金星大小一样的球体，也可能存在生物，极地的极光就有可能是从地下空间透射出来的。

1748年，发表了《欧拉公式》的著名科学家莱昂哈德·欧拉也支持地球空洞说。欧拉既是数学家，又是物理学家和天文学家，他推测在地球内部有一个发光的星球。

从“西蒙的洞”到南极探险

1818年，美国陆军大尉小约翰·克里夫·西蒙出版了《同心圆与极地的空洞带》一书。书中提出南北两极之间有着直径数千千米的洞。地表的海水流进这个洞里和内侧相连。

为了证实这个说法，西蒙提出了航海探险。那是还未发现南极大陆的时代。虽然很遗憾他的计划没能实施，但是18年后的1836年，美国总统签署了创设南极海调查探险远征队的总统令。其中一个契机就是西蒙关于地球空洞说的文字记录。

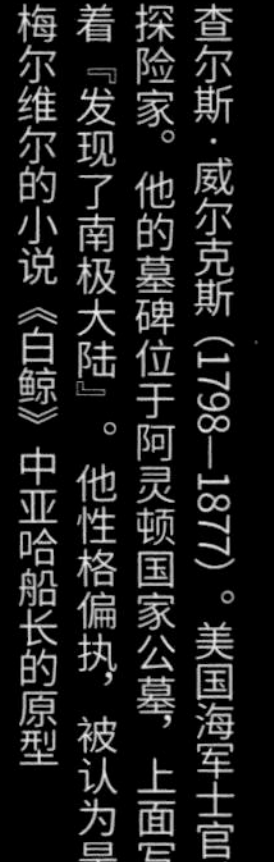

查尔斯·威尔克斯（1798—1877）。美国海军士官、探险家。他的墓碑位于阿灵顿国家公墓，上面写着『发现了南极大陆』。他性格偏执，被认为是梅尔维尔的小说《白鲸》中亚哈船长的原型

1838年，海军大尉查尔斯·威尔克斯作为队长带领探险远征队出航。绕过了许多国家后，从澳大利亚的悉尼开始向南行驶。1840年1月，到达了还未被人发现的南极大陆。直到现在，这块地方在南极地图上依然被标为“威尔克斯地”。

虽然没有发现西蒙所说的洞，但是在那个尚存许多人类尚未踏足之地的时代，地球空洞说无疑推动了探险的发展。

之后也有一些试图证明地球空洞说的书籍被出版。美国的研究者威廉·里德在1895年提到了挪威北极探险家经历的现象。

越靠近北极点越温暖，那里被称为

自然编织出的神秘地下空间。位于美国弗吉尼亚州的卢瑞钟乳洞。于1878年被偶然发现，现在是著名的观光地。照片中的洞穴里积累了大量的地下水，被称为“梦幻湖”

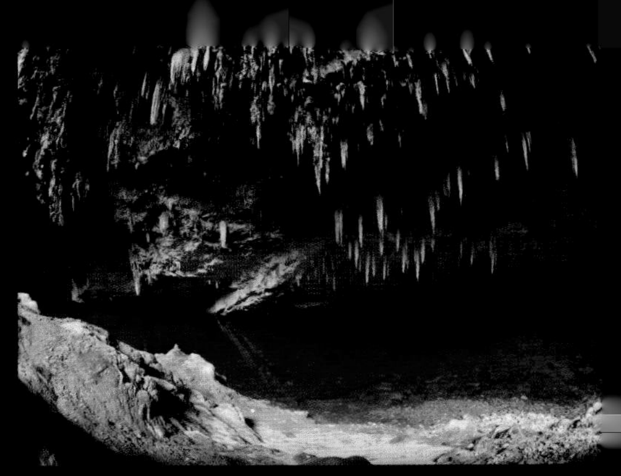

巴西中西部，富饶的博尼图市的蓝湖洞穴。钟乳洞中的地底湖，从上方洞穴通过的光闪烁着蓝色的光芒

在南极海失望角航行的威尔克斯远征队温森斯号舰船

不结冰的海域，漂浮着淡水冰山，鸟类结群飞过，还发现了动物的足迹。

“也就是说，从地球内部吹出了温暖的空气。海域不结冰也是因为从内部流出了暖流，淡水、鸟类、动物当然也是从地球内部来的。”

里德在1906年发表的文章中这样写道。而在1920年，另一位美国研究者马歇尔·加德纳在西伯利亚偶然发现了冻死的猛犸象的尸体，他写道：“在地球内部至今还生存着猛犸象。因为海潮的原因，猛犸象偶然被冲到了地表，被发现时处于冷冻状态。”

国民英雄看到的风景？

之后的1945年和1964年，关于地球空洞说的书在美国成为话题。其作者分别是阿梅迪奥·贾尼尼和雷蒙德·巴纳德，他们都介绍了美国海军少将理查德·伊夫林·伯德的轶事。

1926年，伯德驾驶飞机首次到达北极点，1929年，他成功地首次飞越南极点上空，从而成了国民英雄。据说，1947年，伯德在被冰雪封锁的极地遇见了其他世界的人类，看见了类似猛犸象的动物。暂且不论真假，书中还提到，迷雾的对面是绿油油的广袤大地。伯德少将是不是还进入了地球的内部呢？……巴纳德在书里写了这些事情。

不管怎样，地球内部对于人类来说还是未解之谜。

1906年，通过观测地震波，研究者证实了地球内部有个层一般的内核

关于地幔对流和板块移动的理论构筑也是在80年代才出现的。现在，日本的地球深部探测船“地球”号拥有世界上唯一的能够挖掘到上地幔层的技术。在地幔的岩石中会发现些什么呢？

威廉·里德所著的《极地幻影》中描绘地球内部空

Q 滞留板块崩塌的话会发生大地震吗？

A 如果滞留板块崩塌的话，陆地会发生什么？与其说是崩塌，不如说是以缓慢的速度下沉。在北美，现在就存在不断崩塌的板块。其实在这些地方，很难想象会发生突然的地震或者陆地塌陷。但是长期来看，因为板块运动方向在发生变化，现在的火山活动也许会减弱。

Q 蝙蝠的祖先是什么样的动物？

A 蝙蝠有着极其独特的外形，除了大拇指以外的4根“手指”构成了飞行的翅膀。在最古老的化石当中，也存在着与现代蝙蝠相近的形态。关于它们的进化系统，谜团重重。虽然普遍认为它们与鼹鼠、鼩鼱等食虫类动物拥有共同的祖先，但是关于它们是如何飞上天的问题，至今仍未找到答案。喜爱飞行的习性也是它们难以形成化石的原因之一。

蝙蝠在始新世早期的时候就基本已经登场了。照片为爪哇大蝙蝠

Q 俯冲板块的水分会变成温泉？

A 我们在前面已经说过，下沉板块会因为压力而分裂，或者变成滞留板块，这时，板块中的海水被地幔加热，变成了温泉。神户市的有马温泉就是这样的案例，在地下60千米，岩石中所含的水分在高温高压的作用下渗出，喷出地表。此处的板块下沉持续了约600万年以上。有马温泉是日本首屈一指的古泉。

Photo/PPS

《日本书纪》中记载，日本最古老的温泉是有马温泉

Q 人类大量排放二氧化碳，要花多少年，二氧化碳才能恢复原来的数值？

A 古新世、始新世时突发的全球温室效应研究使得大家更加关注现在的环境问题。有说法称，那时排放的碳量用二氧化碳量换算的话超过了3万亿吨。这和工业革命以来到不久的将来人类排放出的二氧化碳量几乎相同。模拟的结果显示，现在大气中仍然不断增加的二氧化碳如果要恢复到原来的数值，需要花费数千年至数万年。

古新世和始新世时的全球暖化会为今后的环境变化提供数据上的启发

喜马拉雅山脉形成

5000万年前—1000万年前

[新生代]

新生代是指从6600万年前开始持续至今的时代。在这一时期，哺乳动物、鸟类以及被子植物等取代中生代的恐龙，迎来了全盛时期。不久，在它们之中，一个新的角色隆重登场，那就是我们——人类。

第 67 页 图片 / Alfo
第 68 页 图片 / Alfo
第 70 页 插画 / 小林稔
第 71 页 插画 / 斋藤志乃
第 73 页 照片 / PPS
第 74 页 图表 / 真壁晓夫
第 75 页 照片 / 酒井治孝
照片 / 酒井治孝
照片 / 酒井治孝
照片 / 联合图片社
第 76 页 照片 / PPS
第 78 页 照片 / 123RF
照片 / 酒井治孝
照片 / 酒井治孝
第 79 页 图表 / 真壁晓夫
照片 / 阿拉米图库
第 80 页 照片 / 酒井治孝
图表 / 真壁晓夫
照片 /PPS
第 81 页 图表 / 真壁晓夫
照片 / 酒井治孝
第 82 页 图表 / 真壁晓夫
照片 / 照片图书馆
第 83 页 图表 / 真壁晓夫
第 85 页 照片 /PPS
第 86 页 照片 / 酒井治孝
照片 / PPS
照片 / 舒哈达·尼克哈奇（印度孟买）
第 87 页 图表 / 真壁晓夫
照片 / 酒井治孝
照片 / 阿玛纳图片社
第 88 页 图表 / 真壁晓夫
插画 / 真壁晓夫
图表 / 鬼头昭雄（《地质学杂志》第 111 卷 11 号）
第 89 页 照片 / 阿玛纳图片社
照片 / PPS
图表 / 真壁晓夫
第 90 页 本页照片均由阿玛纳图片社提供
第 91 页 照片 / 阿玛纳图片社
照片 / 麦克·皮尔
照片 / PPS
照片 / 阿玛纳图片社
照片 / 卡登里克
照片 /PPS
第 92 页 照片 /PPS
照片 /Aflo
照片 /PPS
照片 /PPS
第 93 页 照片 / 阿玛纳图片社
第 94 页 照片 / 联合图片社
第 95 页 照片 / PPS
照片 / 联合图片社
照片 / 联合图片社
第 96 页 照片 / PPS
照片 / PPS
照片 / Aflo
图表 / 真壁晓夫

新生代
第四纪
新近纪
古近纪
全新世
更新世
上新世
中新世
渐新世
始新世
古新世
现今
1.17
258
533
2303
3390
5600
6600(万年前)

—顾问寄语—

京都大学研究生院教授　酒井治孝

印度次大陆与亚洲大陆之间的碰撞造就了喜马拉雅山。

今天，两块大陆仍处于碰撞之中，喜马拉雅山脉在抬升的同时，因无法承受自身重量而处于不断崩塌之中。

喜马拉雅山脉的出现改变了大气的流动，形成了季风气候，并极大地改变了亚洲的生态系统。

本辑将探寻喜马拉雅山脉的形成过程和季风气候的奥秘。

不断隆起的
太古的海底

喜马拉雅山脉，山峰连绵。其主峰是珠穆朗玛峰，海拔8000多米，高耸入云。

大约5000万年前，印度次大陆与亚洲大陆相撞，使得海底地层露出地面，形成了现在被称为“世界屋脊”的喜马拉雅山脉。

太古的海底不但上升成为世界最高峰，而且仍以每年几厘米的速度不断增高。每每想到这里，我们不禁感叹地球无穷无尽的神秘。

高耸入云的“世界屋脊”

在喜马拉雅山脉，海拔约 8000 米的群山东西绵延 2400 千米。目前，地球上海拔 8000 米以上的山峰仅有 14 座，其中有 10 座位于喜马拉雅山脉地区。“喜马拉雅”在梵语中意为“雪的故乡”，那里的山顶常年积雪不化。

巨大山脉出现的迹象

2.5 亿年前，地球上存在着超级大陆——泛大陆。大约 1.2 亿年后，印度次大陆开始与从超级大陆分离出来的冈瓦纳古陆分离。在接下来的 8000 万年里，印度次大陆逐渐北移，接近亚洲大陆。于是，两块大陆之间的特提斯海逐渐缩小，海底的沉积物变成了岛屿。5000 万年前，印度次大陆与亚洲大陆发生碰撞，随之释放出的巨大能量，最终促成了喜马拉雅山脉的诞生。

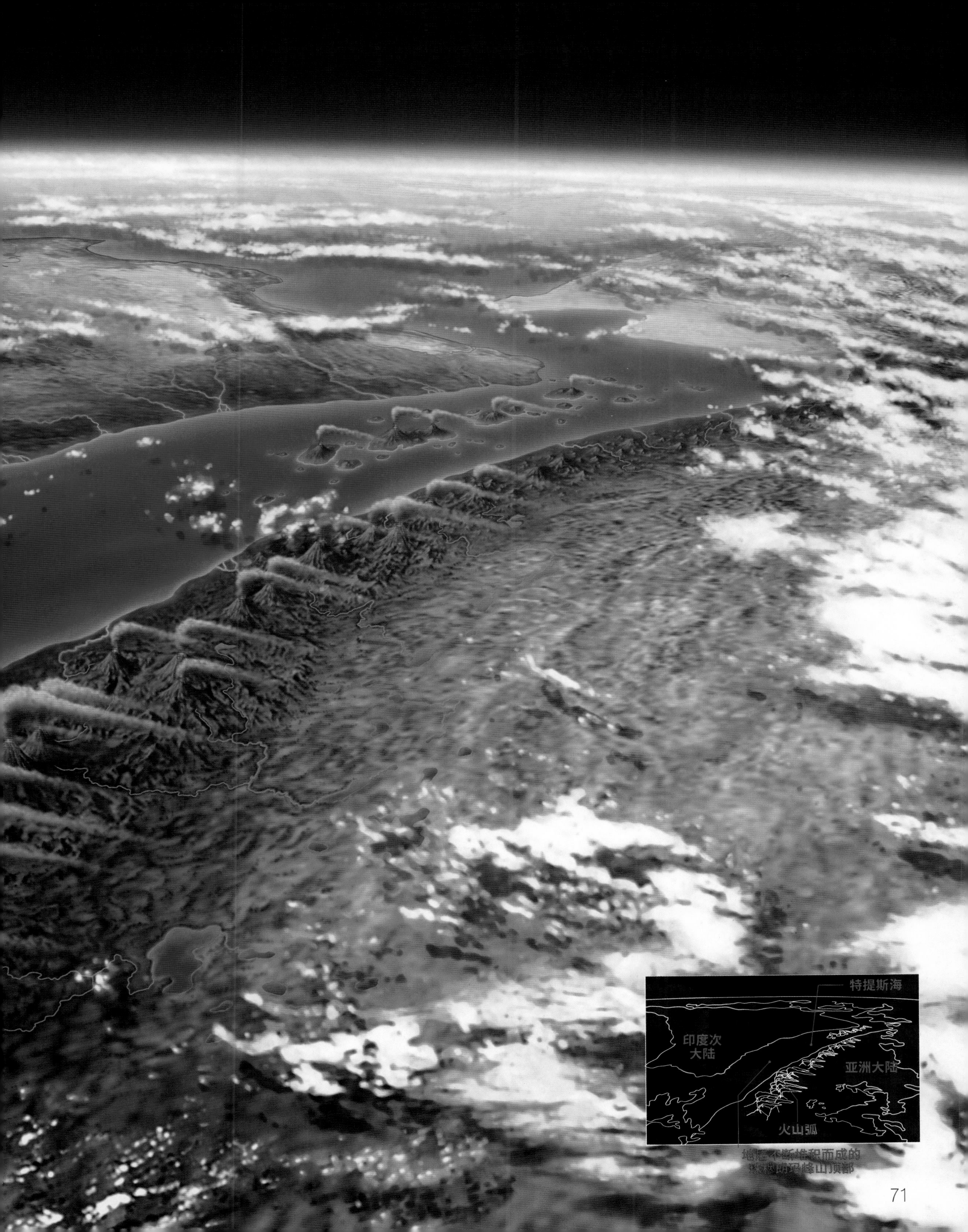
特提斯海
印度次
大陆
亚洲大陆
火山弧
地层不断堆积而成的
珠穆朗玛峰山顶部

特提斯海的消失

喜马拉雅山脉的形成正是大陆板块碰撞的证据。

亚洲大陆与印度次大陆的碰撞导致特提斯海消失

印度次大陆曾是南半球冈瓦纳古陆的一部分。之后，印度次大陆与其分离并逐渐北移，在这一过程中，一片海域就此消失了。

历时 8000 万年不断北移的印度次大陆

特提斯海的名字源于希腊神话中海神的妻子“特提斯”。这片海域在 2 亿年前至 5000 万年前曾位于欧亚大陆南部，也被称为“古地中海”。

2.5 亿年前，地球上曾存在着一个巨大的超级大陆——泛大陆。大约 2 亿年前，泛大陆开始分裂为北半球的劳亚古陆和南半球的冈瓦纳古陆。于是，两块大陆之间隔着一个特提斯海相对峙。

大约 1.3 亿年前，印度次大陆与冈瓦纳古陆分离开来，并开始北移。印度次大陆缓慢地向北穿过特提斯海，在大约 6600 万年前，到达赤道周围。此时正是恐龙和菊石从地球上灭绝的白垩纪晚期。

之后，不断北移的印度次大陆逐渐接近亚洲大陆，特提斯海开始变得又窄又浅。大约 5000 万年前，印度次大陆的西北部终于与亚洲大陆发生了碰撞。4000 万年前左右，印度次大陆的东北部也与亚洲大陆发生了碰撞，由此，特提斯海彻底消失。

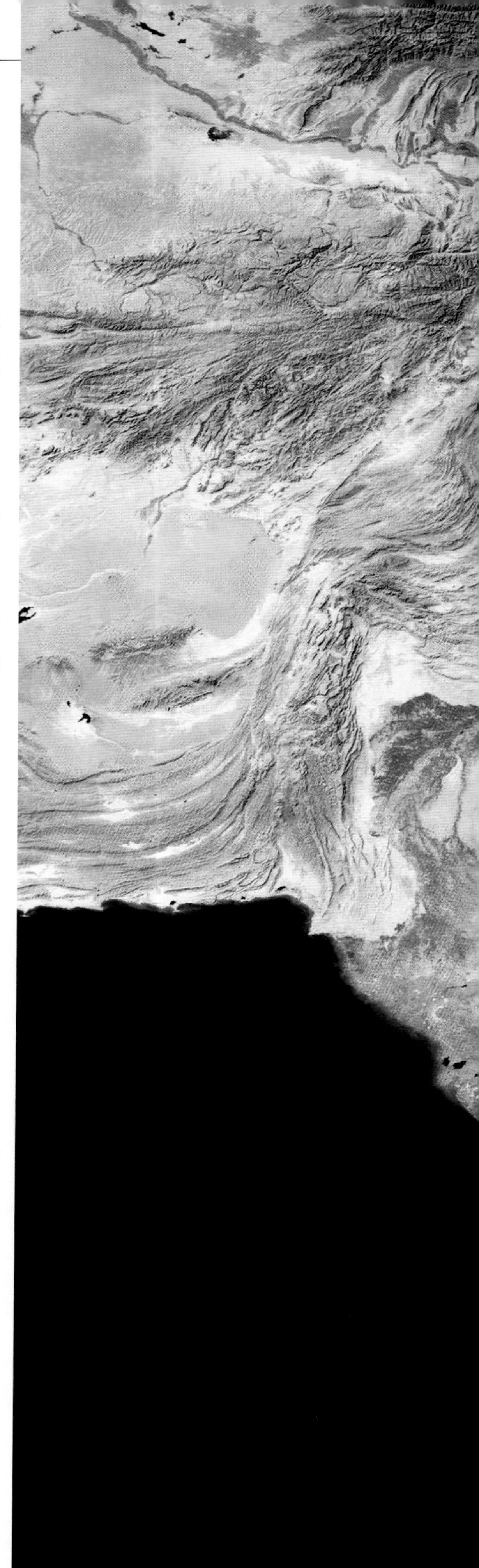

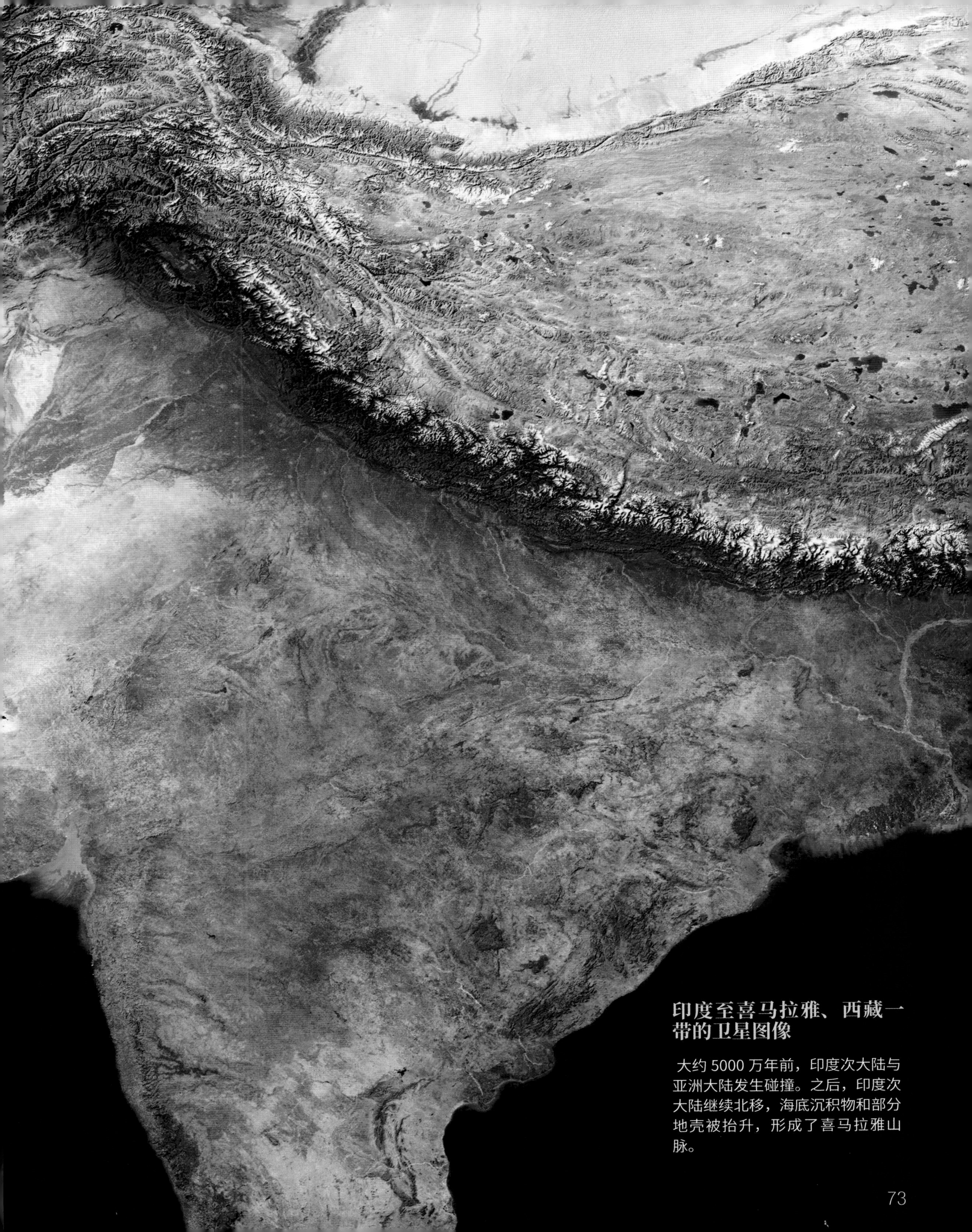

印度至喜马拉雅、西藏一带的卫星图像

大约 5000 万年前，印度次大陆与亚洲大陆发生碰撞。之后，印度次大陆继续北移，海底沉积物和部分地壳被抬升，形成了喜马拉雅山脉。

现在我们知道！

喜马拉雅山脉留下了众多的海洋痕迹

在喜马拉雅山脉附近，出土了许多菊石化石。该地区的印度教徒长期以来将菊石视为圣石供奉在寺院中，或者当作护身符使用。在喜马拉雅山脉发现的这些菊石证明了那里曾经是一片海洋。实际上，除此以外，喜马拉雅山脉还留有众多的海洋痕迹。5000 万年前到 4000 万年前，由于亚洲大陆与印度次大陆碰撞而消失的特提斯海，究竟是如何从地表消失的呢？

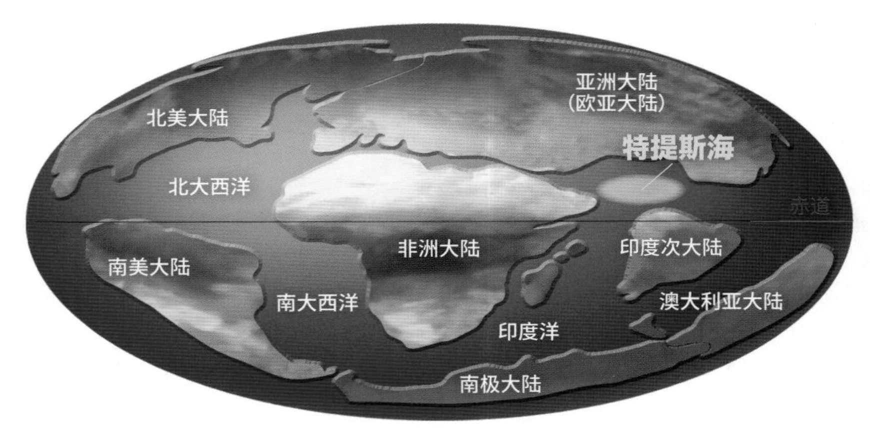

白垩纪晚期的大陆位置

构成冈瓦纳古陆的非洲大陆和南美大陆完全分离，印度次大陆不断北移至赤道。随之而来的，是北部的特提斯海逐渐缩小，南部的印度洋不断扩大。

不同时代的海洋痕迹保留在地面上

白垩纪晚期，特提斯海已从今天的地中海地区延伸到东南亚附近。那时，这个温暖的海洋已形成了丰富的生态系统，许多菊石也在此繁衍生息。这些生物的残骸堆积在海底，形成了“特提斯沉积物”。之后，随着印度次大陆的北移，这些特提斯沉积物由于处在印度次大陆的前缘而不断靠近亚洲大陆。

最后，随着两个大陆的临近和海域的缩小，海底沉积物变得越来越厚，越来越重，特提斯海变成了浅海，海面上形成了众多岛屿。碰撞发生后，印度次大陆与海洋板块一起俯冲到亚洲大陆下方，但特提斯沉积物被推至地面，没有下沉，由此成为喜马拉雅山脉的一部分。这就是能在喜马拉雅山脉发现菊石化石和双壳纲动物化石的原因。

此外，俯冲时，部分海洋板块被分离并推至地面上，最终压在特提斯沉积物之上。在两大陆碰撞的缝合带[注1]附近，分离出来的海洋板块的残余物散布在各处。这其中包括岩浆从大洋中脊[注2]喷发到海底时形成的枕状熔岩，以及沉积在深海中的放射虫岩[注3]。喜马拉雅山脉保留了这些不同时代的海洋痕迹。

菊石也包括在特提斯沉积物中。

北移的印度次大陆

印度次大陆的周围堆积着特提斯沉积物，后来这些沉积物形成了喜马拉雅山脉的山顶。

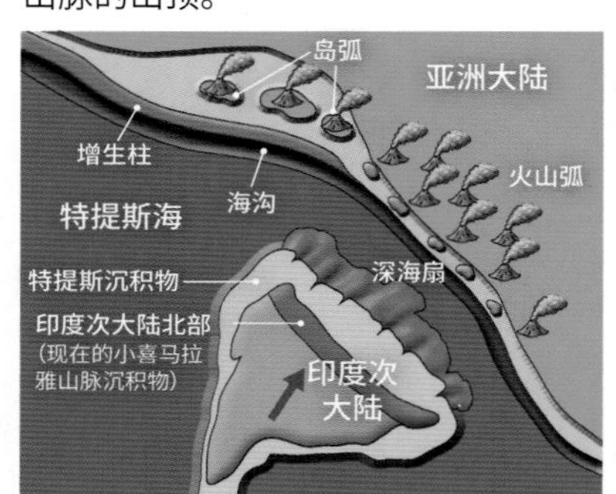

5000 万年前发生碰撞的证据呢？

我们为什么会认为两个大陆之间的碰撞发生在 5000 万年前呢？人们做出这一推测的原因主要有两个。

第一个原因是，人们在一直延伸到喜马拉雅山麓的约 4500 万年前的特提斯沉积物中，发现了犀牛等大型哺乳动物的化石。最初，印度次大陆与澳大利亚一样，是与其他大陆处于分离状态的，没有大型哺乳动物。这些动物的化石是在消失之前的特提斯海的地层中发现的，这表明，在亚洲大陆上实现进化的

印度次大陆碰撞前后的剖面图

白垩纪晚期

与印度次大陆发生碰撞的特提斯海的海洋板块俯冲到亚洲大陆之下。印度次大陆的前端堆满了特提斯沉积物。

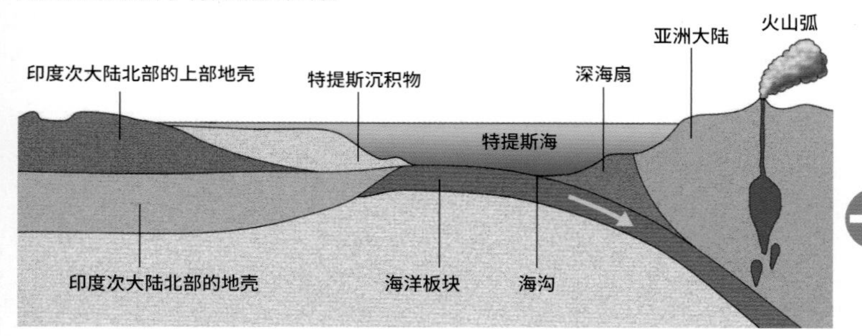

现今

特提斯沉积物不断堆高，覆盖了喜马拉雅山脉主脊北侧的大部分地区。此外，在其北侧，部分分离的海洋板块碰上了印度次大陆的特提斯沉积物。

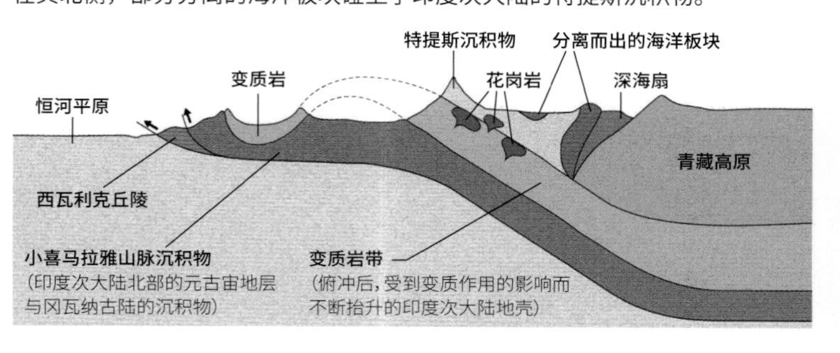

藏南地区的枕状熔岩

熔岩从地壳的裂缝流入海中，遇海水后迅速冷却，变成了重叠的枕头状。在藏南地区露出的枕状熔岩是特提斯海海底的一部分，是深海时代的痕迹。

喜马拉雅山脉出土的菊石

图为喜马拉雅山脉出土的侏罗纪时期的菊石化石，发现于喜马拉雅山脉海拔 3500 多米的地方。菊石是自泥盆纪时期开始在海洋中繁盛的头足类动物，在白垩纪晚期灭绝。

喜马拉雅山脉出土的双壳类

图为喜马拉雅山脉出土的三叠纪时期的双壳类动物的化石。这是超级大陆——泛大陆南北分裂、特提斯海扩张时期的遗迹。

哺乳动物是从通过碰撞而与部分印度次大陆相连的特提斯海进入印度次大陆的。

第二个原因是，通过调查印度洋海底的岩石的地磁发现，直到 5200 万年前为止，印度洋海底以每年 15 ～ 20 厘米的速度扩大，自那以后，扩大速度降至 10 厘米以下。也就是说，大陆之间的碰撞很可能减慢了海底的扩张速度。

因此，印度次大陆与亚洲大陆发生碰撞后继续北移，然后俯冲到亚洲大陆之下，这一运动最终形成了世界上最高的山脉——喜马拉雅山脉。

科学笔记

【缝合带】 第 74 页 注 1

各大陆板块之间发生碰撞的地带。因将各大陆衔接在一起而得名。印度河和雅鲁藏布江流经的印度次大陆与亚洲大陆发生碰撞的带状地带被称为“印度河 - 雅鲁藏布江缝合带”。

【大洋中脊】 第 74 页 注 2

大洋中脊是海底的山脉，是融化的地幔物质从地球深处喷发而出的地方。大洋中脊处经常有新的海洋板块生成，使得海底向左右扩张。

【放射虫岩】 第 74 页 注 3

放射虫是海生单细胞浮游生物。许多具硅质壳，带呈放射状排列的线状刺。它们漂浮在海中，从海水表层到深海广泛分布。放射虫的壳体堆积在深海底部，形成了称为岩石的沉积岩。只要发现放射虫岩，便可知道它所在的地方曾是4000 多米深的深海底部。

杰出人物

地质学家

奥古斯托 · 甘瑟

（1910—2012）

探明喜马拉雅山脉基本构造的地质学家

甘瑟出生于瑞士，曾在苏黎世工业大学学习地质学，于 1936 年加入喜马拉雅山脉考察队。他曾伪装成佛教朝圣者前往西藏，并收集岩石。通过这些调查，他发现了印度次大陆和亚洲大陆发生碰撞的“缝合带”，进一步阐明了喜马拉雅山脉的基本构造，并于 1964 年写下巨著《喜马拉雅山脉的地质学》。

喜马拉雅山脉形成

沉陷的大陆向上抬升 形成巨大的喜马拉雅山脉

喜马拉雅山脉东西横贯 2400 千米，海拔约 8000 米的群山高耸入云。印度次大陆的俯冲和抬升创造了这一『世界屋脊』，它是亚洲中部的一道平缓弧线。

组成喜马拉雅山脉的 3 条平行山脉

喜马拉雅山脉拥有海拔 8000 米级别的群山，是世界上海拔最高的山脉。山脉大致由 3 条平行的山脉组成，最南端是由海拔 1200 米以下的低山组成的西瓦利克丘陵，其北侧是由海拔 2000 ～ 3000 米的群山组成的小喜马拉雅山脉，最北端是由海拔 6000 ～ 8000 米的群山组成的高耸入云的大喜马拉雅山脉。这些山脉都是由 5000 万年前与亚洲大陆发生碰撞的印度次大陆创造的。

碰撞后，印度次大陆继续北移，同时俯冲到亚洲大陆下方。但是，俯冲的位置随后向南移动了 3 次左右，最后停在最初发生碰撞的地方。就这样，由于俯冲的位置逐渐改变而形成了 3 条不同规模的山脉。

其中，部分最先发生俯冲的印度次大陆在地下深处受到变质作用的影响而不断抬升。正是印度次大陆的俯冲和抬升，才造就了“世界屋脊”——喜马拉雅山脉。

喜马拉雅山脉俯瞰图

图为从印度北部上空看到的北部喜马拉雅山脉。前面的盆地和周围的低山是西瓦利克丘陵，其后黑色的山体是小喜马拉雅山脉，后面最高的山脉是大喜马拉雅山脉。

珠穆朗玛峰山顶

世界最高峰——珠穆朗玛峰，海拔 8848.86 米（20 年测量结果），图为珠穆朗玛峰山顶。最上面的色部分被称为珠峰层，面看起来呈黄色的带状被称为黄带层。珠峰层包含奥陶纪化石在内的灰岩岩层，黄带层是变沉积物。

现在我们知道！

变质带升高、特提斯沉积物滑落

珠穆朗玛峰高高地耸立在尼泊尔和中国的边界上，1852 年经过海拔测量后被确认为世界最高峰。从那时起，人们为了登顶珠峰做了许多尝试与挑战，直至成功登顶。那么，这一人类长期难以征服的高峰，究竟是如何形成的呢？

印度次大陆受变质作用的影响而抬升

印度次大陆与亚洲大陆发生碰撞并俯冲到亚洲大陆下方，但在大约 2000 万年后，俯冲的位置转移到了南部断层处。印度次大陆的地壳自此俯冲到地下深处，变成了由在高温和高压下稳定的矿物组成的变质岩[注1]。然后，当它俯冲至 30 ～ 40 千米的深度时，前端开始分离。分离后的上部地壳不断变重，并开始抬升。就这样，在地下受到变质作用影响的印度次大陆的上部地壳（变质带）在 2200 万年至 1600 万年前急剧上升，形成了包括珠穆朗玛峰在内的大喜马拉雅山脉。

特提斯沉积物堆积在地面之上，变质带顶着堆积物不断升高。珠穆朗玛峰的山顶部分也有特提斯沉积物，它的下方则是由变质岩地层组成的。

变质带在上升的同时水平移动

各种留在岩石中的证据表明变质带已经上升。首先，虽然变质带中含有大量的石榴石矿物，但从变质带基底的断层带中可以找到大雪球状的

变质带上升的证据

花岗岩

图为裸露在珠穆朗玛峰南面的努子峰（海拔 7879 米）南壁上的黑色变质岩和白色花岗岩。白色的网状条纹是脉状的花岗岩，它进入变质岩的裂缝中冷却并凝固。

石榴石

石榴石是构成喜马拉雅变质岩的一种矿物，也是 1 月的生辰石。可以看出，在变质带上升的边界，石榴石在旋转的同时像滚雪球一样越变越大。

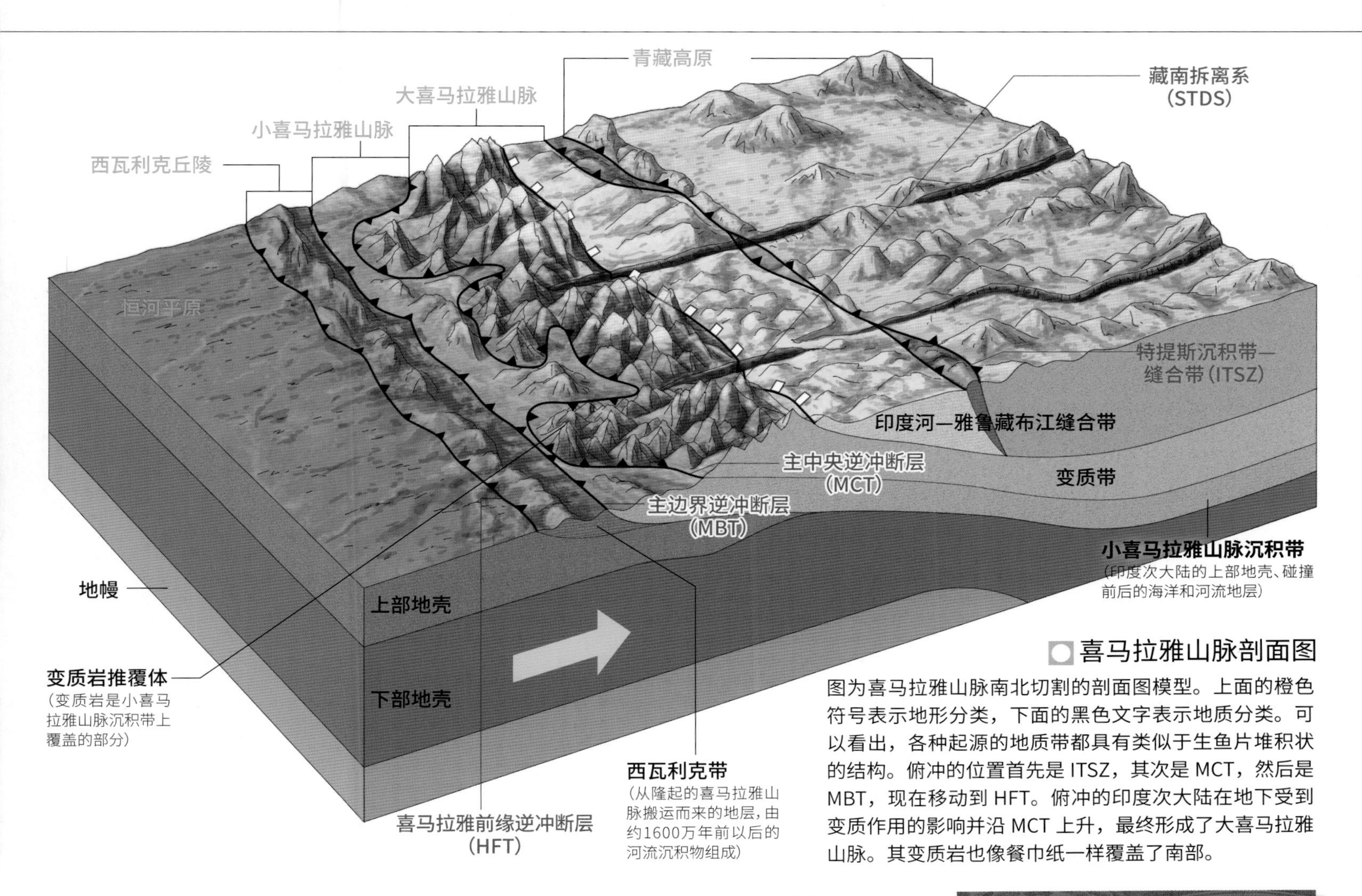

喜马拉雅山脉剖面图

图为喜马拉雅山脉南北切割的剖面图模型。上面的橙色符号表示地形分类，下面的黑色文字表示地质分类。可以看出，各种起源的地质带都具有类似于生鱼片堆积状的结构。俯冲的位置首先是 ITSZ，其次是 MCT，然后是 MBT，现在移动到 HFT。俯冲的印度次大陆在地下受到变质作用的影响并沿 MCT 上升，最终形成了大喜马拉雅山脉。其变质岩也像餐巾纸一样覆盖了南部。

石榴石。这表明，当变质带从地下上升时，石榴石在断层带中与周围的地层发生摩擦并旋转。

另外，随着变质带的上升，部分变质岩融化，形成了花岗岩质熔体[注2]。由于熔体的比重较轻，所以在岩石内部不断上升。在喜马拉雅山顶的表面，虽然到处都可以看到巨大的白色团状和脉状花岗岩[注3]，但它们都是已经冷却并凝固的上升的熔体。

上升的变质带约 10 千米厚，在水平和垂直方向上都受到挤压。它们在水平方向上向南移动了 100 ～ 120 千米，像餐巾纸一样盖住小喜马拉雅山脉。但是，其中的一部分遭到侵蚀，甚至已经消失。

近距直击

人类首次登顶珠峰

1922 年，第一支英国探险队前往攀登珠穆朗玛峰，30 多年后，英国终于在第九次挑战中实现了梦寐以求的愿望。1953 年 5 月 29 日上午 11 时 30 分，这是人类首次成功登顶珠穆朗玛峰的时刻。站在峰顶上的是英国探险队员埃德蒙·希拉里（新西兰人）和丹增·诺尔盖（夏尔巴人）。据说两人仅在山顶逗留了 15 分钟。

首次登顶成功的埃德蒙·希拉里（左）和丹增·诺尔盖

科学笔记

【变质岩】 第78页 注1
一旦岩石持续长时间受热或受压，矿物成分和质地就会发生变化，形成一种新的岩石，这种过程称为变质作用，新生成的岩石被称为变质岩。变质岩分为两类，一类是受岩浆热量影响而发生变质作用的接触变质岩，另一类是在地下深处受到强压和热量影响而发生变质作用的区域变质岩。

【熔体】 第79页 注2
在组成变质岩的矿物中，低熔点的物质在高温下开始融化。岩石部分融化的过程称为部分熔融，生成的液体则称为熔体。

【花岗岩】 第79页 注3
岩浆凝固而成的岩石称为火成岩，其中缓慢冷却并凝固而成的岩石称为深成岩。花岗岩是一种深成岩，主要由石英、长石和黑云母组成。

【褶皱】 第80页 注3
水平沉积的地层受到地壳运动造成的横向压力的影响而像波浪一样上下弯曲。褶皱进一步发展，在水平方向上起伏的形态称为平卧褶皱，山体滑坡也可以形成平卧褶皱。

发生严重褶皱的地层

图为喜马拉雅山脉北侧的尼泊尔塔科拉地区裸露褶皱的侏罗纪地层。位于喜马拉雅山顶的特提斯沉积物在自身重力的作用下向北滑落，从而形成了S形的平卧褶皱。从画面下方的马和人的身形大小，可以看出褶皱的规模。

喜马拉雅山顶向北侧滑落

喜马拉雅山脉的形成还伴随着变质带上特提斯沉积物的滑落。喜马拉雅山脉北坡上发生严重褶皱[注4]的地层显示了这一点。

当花岗岩熔体在变质带中上升时，花岗岩中含有的挥发性成分聚集在变质带的上部，并且热水和气体容易聚集在变质带和沉积带的交界处。于是，花岗岩熔体成为润滑剂，上面的沉积物像倾斜的桌子上的桌布一样向北滑落，最终形成了地层严重弯曲的褶皱构造。据推测，这种“下滑”发生在大约2000万年前至1500万年前。

滑落的特提斯沉积物厚达10千米。现在，珠穆朗玛峰顶上的大部分沉积物已遭侵蚀，仅沉积物底部的奥陶纪石灰石残留了下来。这就是被称为珠峰层的地层。此外，在西部的安纳布尔纳峰地区，白垩纪时期之前的特提斯沉积物几乎没有被侵蚀，呈现出巨大的褶皱构造。

就这样，经过变质带上升、变质带南移、顶端的特提斯沉积物滑落这一系列过程，大喜马拉雅山脉终于形成了。

珠穆朗玛峰的山顶构造

喜马拉雅山的山顶由特提斯沉积物构成的珠峰层和正下方为变质岩的黄色带以及最下方的北坳层组成。

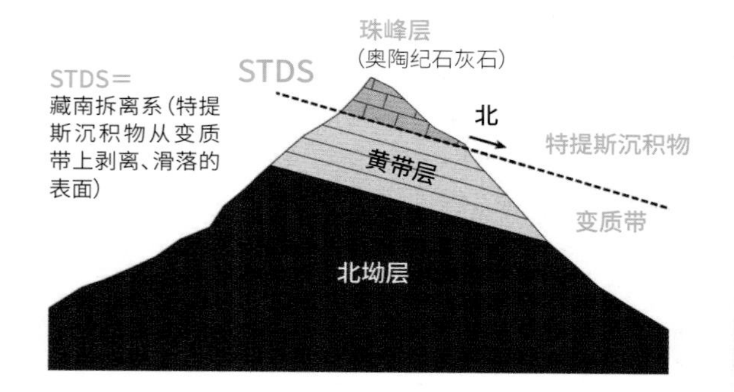

文明与地球 生活在雄峰上的人们

喜马拉雅山上的后援人员

夏尔巴人在珠穆朗玛峰南麓海拔3500～5000米的地方形成村落，从事旱田种植、畜牧业、导游等活动。夏尔巴人在藏语中意为“东方人”，大约在500年前从西藏移居。现在，他们是登山人员必不可少的向导。近年来，他们还从事诸如清理喜马拉雅山上的垃圾等活动。

适应高原环境的夏尔巴人都是可靠的登山向导

来自顾问的话

解开喜马拉雅山脉推覆体之谜

为何要研究喜马拉雅山脉？

自 40 亿年前大陆地壳形成以来，由于大陆不断分裂、碰撞和汇聚，固体地球不断演化，与此同时，大气圈、水圈和生物圈也发生了演化。例如，在最近的 6 亿年中，地球在大陆分裂时期变暖，在大陆碰撞时期变冷，生物为适应环境的变化而发生了进化。

在大洋中脊和大西洋两岸，对大陆分裂的研究已经取得了重大进展。但是，对大陆碰撞的过程和机制及其与气候变化之间的联系仍是知之甚少。因此，世界各地的研究人员正在对喜马拉雅山脉和印度洋进行深入研究，以阐明这一点。那是因为目前喜马拉雅山脉仍处于不断碰撞之中，是在巨大大陆之间进行碰撞实验的现场。

变质岩推覆体的运动和热史

变质岩推覆体是喜马拉雅大陆碰撞带最典型的构造。大约 2200 万年前至 1500 万年前，厚度约 10 千米的变质岩从喜马拉雅山脉地下深处急速上升，露出地表，直接被水平挤压，覆盖了印度次大陆的延伸地带——小喜马拉雅山脉的地层，它的南北距离超过 120 千米，这种结构称为推覆体。由又厚又硬的岩石形成的推覆体为何能远距离移动而不遭破坏，至今尚不清楚。此外，当形成厚度超过 10 千米的变质岩推覆体时，喜马拉雅山脉可能已经达到了当前的高度。因此，我们启动了一个项目，以确定推覆体出现和停止运动的时间以及运动速度，同时研究推覆体的流动性。

■喜马拉雅山脉变质岩推覆体的演化过程和机制相关模型

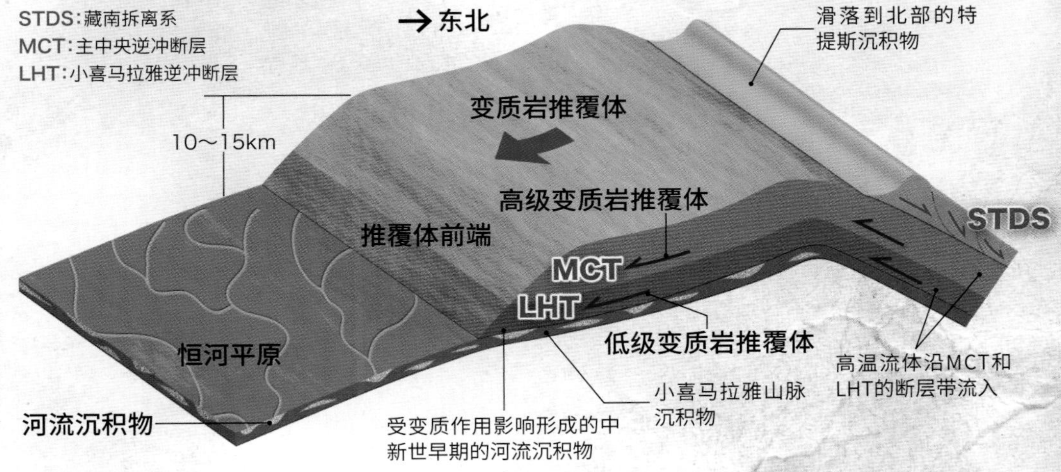

变质岩推覆体在约 1450 万年前暴露于地表，每年以约 3～4 厘米的速度向西南偏南方向前进，同时保持内部温度超过 240 摄氏度。该运动至少在 1100 万年前就已经停止，小喜马拉雅山脉被南北延伸 120 千米以上的推覆体覆盖。

结果表明，变质岩在约 1450 万年前暴露于地表，每年以约 3～4 厘米的速度向西南偏南方向前进，至少在 1100 万年前就停止了移动。虽然人们认为变质岩一到达地表就会失去流动性而迅速冷却，但实际上我们发现，它们在露出地表后约 1000 万年的时间里一直保持着 240 摄氏度以上的高温。此外，我们还发现，推覆体是从前端向后端缓慢冷却的。那么，热量到底是如何保持这么长时间的？热源又在哪里呢？

我们在部分融化的中国西藏中部地壳中寻找热源。我们假设，通过西藏中部地壳供应的高温流体到达推覆体的前端部分，这一过程会使热量得以长时间保持，与此同时，推覆体正下方的断层带的孔隙水压力上升，摩擦阻力减少，巨大的推覆体会发生移动。为了验证这一假设，我们还在不断地调查、研究。

■推覆体正下方断层带的眼球状片麻岩

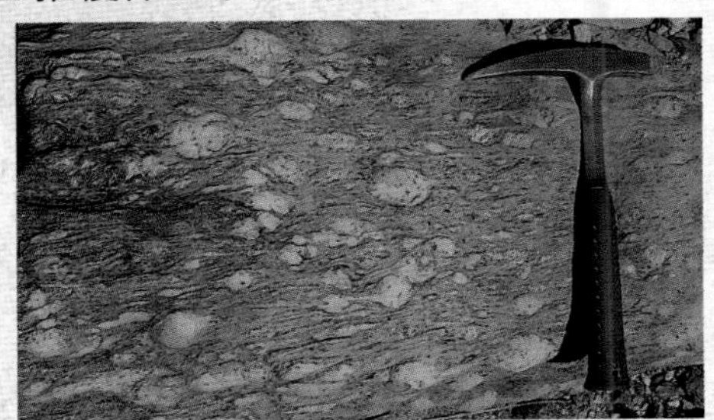

19 亿年前至 18 亿年前的花岗岩由于推覆体运动和热量的影响而发生流动和形变，变成眼球状片麻岩。锆石测年表明，喜马拉雅造山运动的热量峰值大约在 1700 万年前。

酒井治孝，1953 年生。九州大学研究生院理学系研究科地质学（当时的名称）专业博士。专门研究以喜马拉雅山脉为主的大陆碰撞造山带的起源和形成过程。在 1990 年和 1996 年获日本地质学会论文奖。著有《地球科学概论》和《喜马拉雅自然杂志》（均由东海大学出版社出版）。

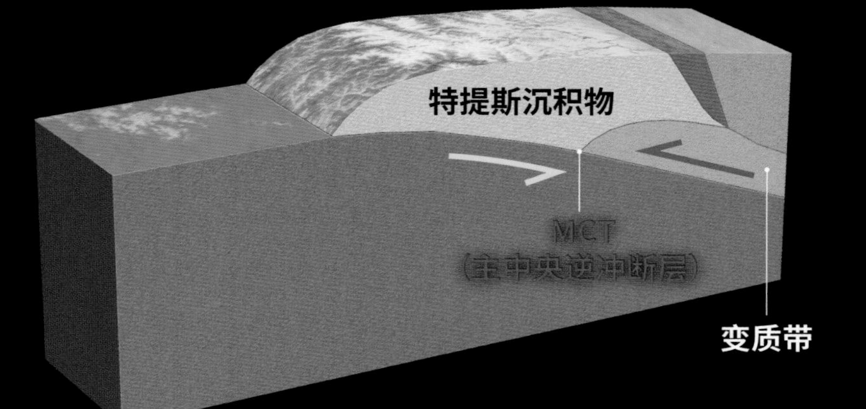

约2400万年前

2. 变质带开始上升

受变质作用影响的印度次大陆的地壳(变质带)已俯冲至地下 30 至 40 千米处，并沿着逆冲断层（MCT）上升。

约2200万年前

3. 变质带上升

随着特提斯沉积物的抬升，变质带持续上升。变质带上方的特提斯沉积物厚达 10 千米。

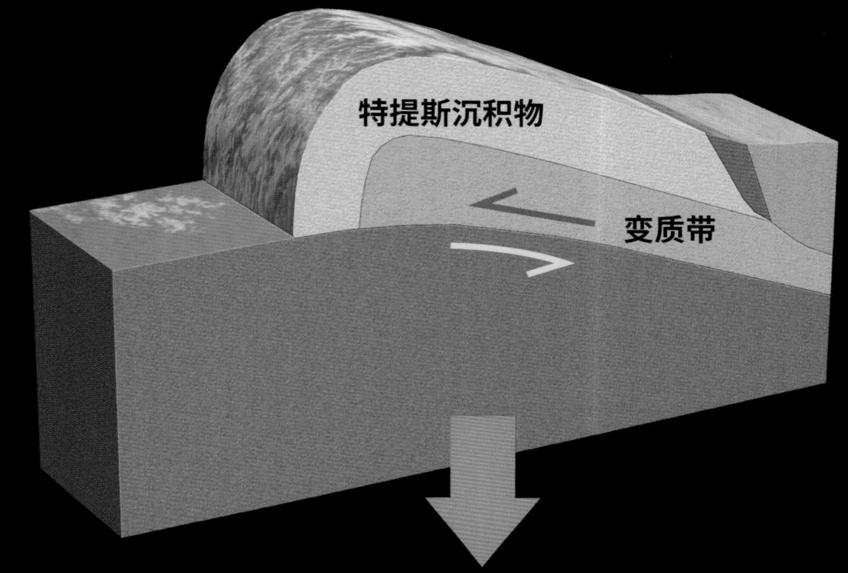

约2000万年前～1500万年前

4. 特提斯沉积物滑落

变质带的急剧上升形成了一个低角度的正断层，变质带上方的特提斯沉积物沿着该断层受自重影响向北滑落。滑落的地层出现平卧褶皱。

随手词典

【推覆体构造】
地层沿低角度的逆冲断层在基岩上水平移动一定距离，然后覆盖另一个地层的构造。

【逆冲断层】
地层或岩石在力的作用下破裂，破裂面两侧发生位移的地方称为断层，其中，由于压力而发生位移的断层称为逆断层，由于张力而发生位移的断层称为正断层。由沿相反方向作用的水平力发生移动的断层称为走滑断层。断层是地震的痕迹，将来也有可能活跃的断层称为活断层。

近距直击

“喜马拉雅岩盐”并非来自喜马拉雅山脉?

从喜马拉雅地区开采的盐称为“喜马拉雅岩盐”。它们实际上是开采自喜马拉雅山脉南部的巴基斯坦盐岭(盐山)，与喜马拉雅山脉没有直接关系。盐岭的岩盐是在大约 6 亿年前的前寒武纪时代末期形成的，远远早于喜马拉雅山脉的形成。

图为开采自盐岭的粉红色的岩盐——粉盐

原理揭秘

喜马拉雅山脉的形成过程

印度次大陆与亚洲大陆的碰撞造就了喜马拉雅山脉。不过，各大陆之间因碰撞而产生的地层抬升，并不是形成高山（比如大喜马拉雅山脉）的唯一因素。曾经发生俯冲的印度次大陆受到变质作用的影响而出现抬升，是形成高山的另一个因素。让我们一起看看现今的喜马拉雅山脉的形成过程吧。

约4000万年前

1. 印度次大陆发生俯冲

与亚洲大陆发生碰撞后，印度次大陆俯冲到亚洲大陆下方，两块大陆之间的特提斯沉积物被冲涌抬升。

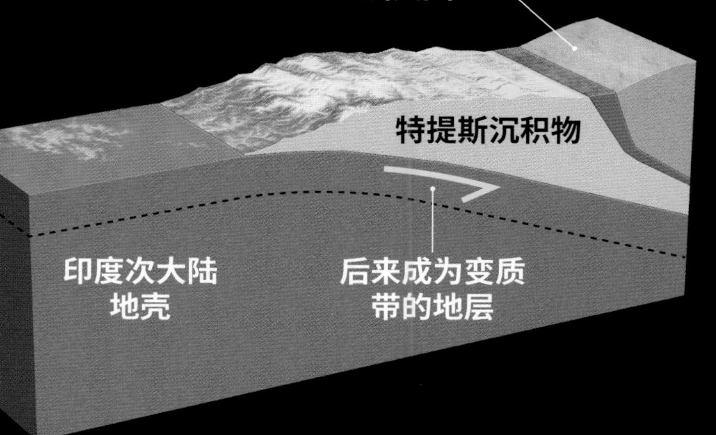

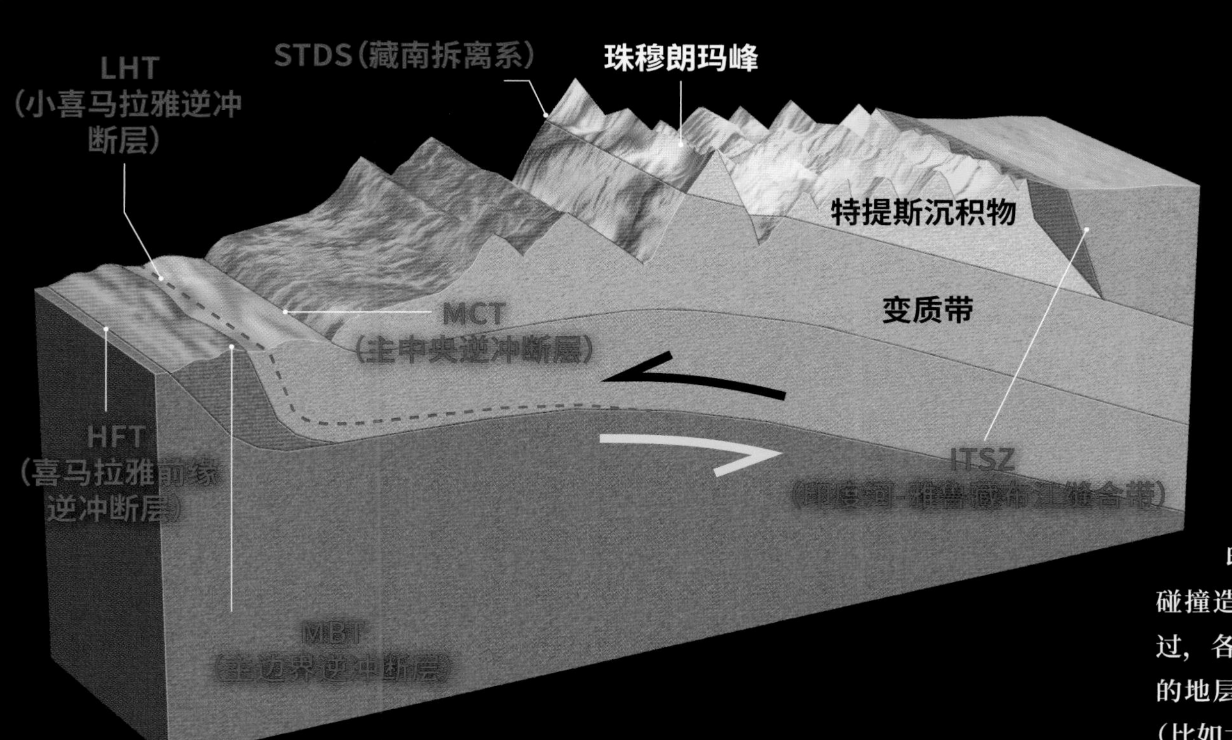

约1000万年前～现今

6. 遭受侵蚀形成当前的地形

沿MCT和HLT上升的变质带和特提斯沉积物的地层遭风雨侵蚀，形成了各自的山脉。许多曾经存在的特提斯沉积物也已被侵蚀。当前印度板块的俯冲口移动到HFT。

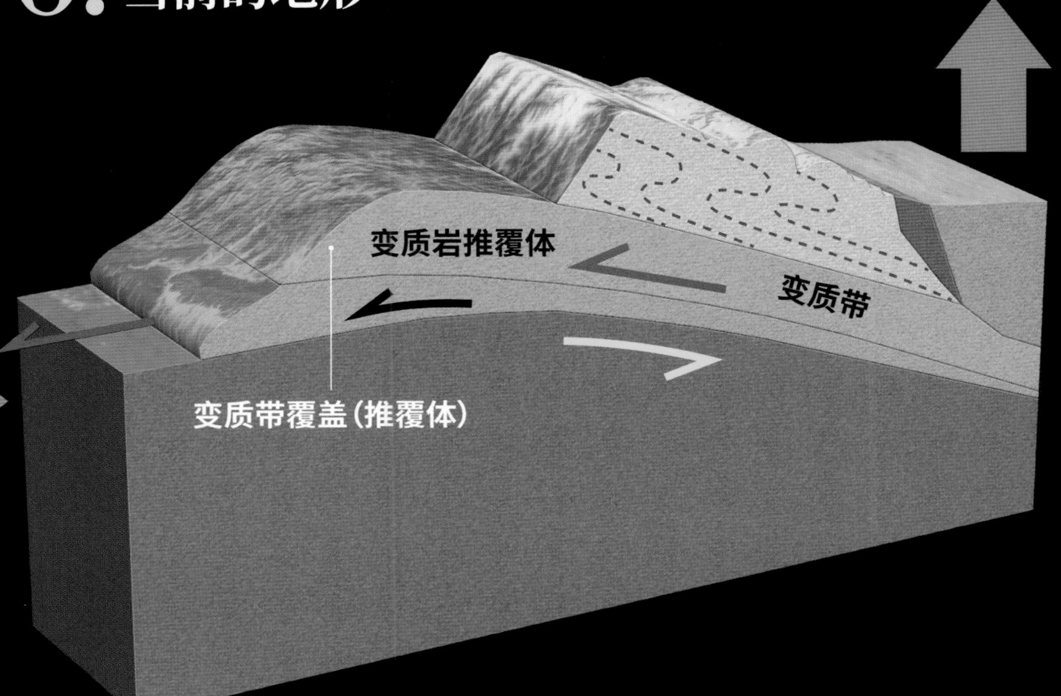

约1500万年前～1000万年前

5. 变质带水平移动

变质带在上升的同时向南水平移动，覆盖在小喜马拉雅山脉沉积带上，形成了推覆体构造。

季风的诞生

日本的梅雨也是由季风带来的。

随着喜马拉雅山脉的抬升季风诞生

在夏季，季风为南亚和东南亚带来大量降水，『支持』着亚洲的稻米文化。季风的诞生与被称为『世界屋脊』的喜马拉雅山脉的形成息息相关。

为喜马拉雅山脉的南北两侧带来不同气候

喜马拉雅山脉的诞生对亚洲地区的气候产生了重大影响，“季风”便是其中的代表。季风指“季节风”，风向随季节而变化。自古以来，阿拉伯海附近的居民就利用在夏季和冬季定期吹拂的季风实施航海活动。人类也在东西方文化往来的印度洋贸易中受益匪浅。

季风是由海洋和大陆之间的气压差引起的。在亚洲，喜马拉雅山脉和青藏高原这两大高原地区在夏季气温升高，空气上升而形成低压。另一方面，南半球印度洋上空形成高压，风吹向喜马拉雅山脉和青藏高原上的低压地区。风夹杂着印度洋上空的水蒸气，变得温暖潮湿，飙升至喜马拉雅山脉南坡，变成积雨云，引起大量降雨。这为喜马拉雅山脉南侧带来了湿润的气候，而北侧则流动着干燥的热空气，从而形成了沙漠和草原。

季风气候源于喜马拉雅山脉和西藏巨大的高原地带，同时随着喜马拉雅山脉的抬升而进一步增强。

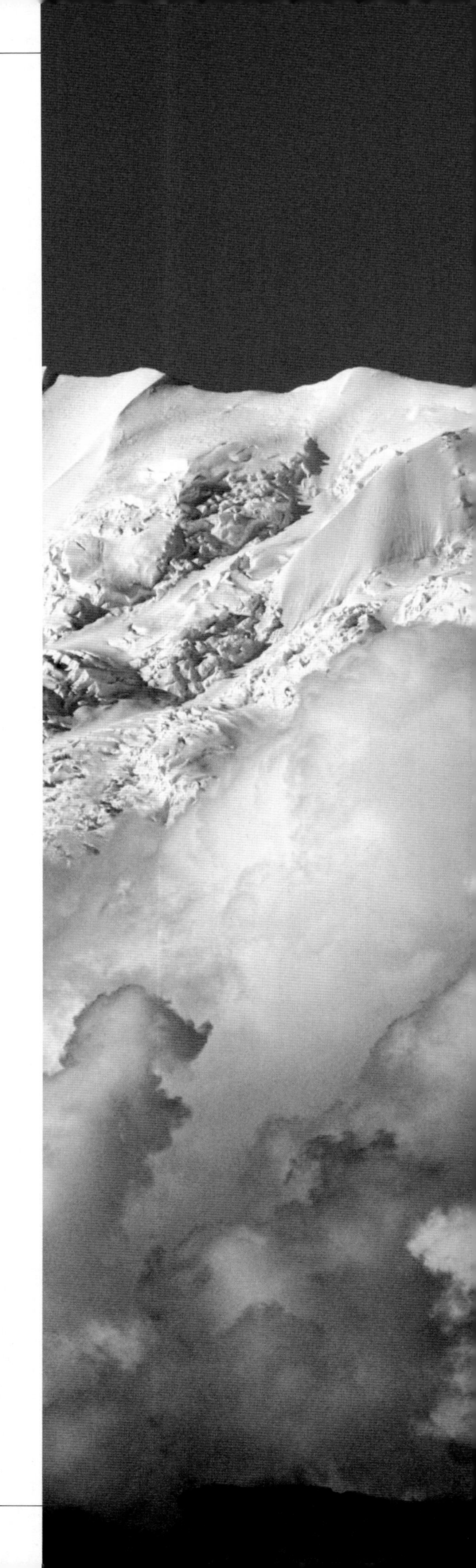

季风形成的积云雨

积雨云一直上升到喜马拉雅山脉的安纳布尔纳峰顶部。夏季季风在喜马拉雅山脉南部带来大量降雨。在印度和尼泊尔，6 月至 9 月为雨季，这段时间内的降水量占年降水量的 80%。10 月至次年 5 月则为旱季，几乎没有降雨。

网状河流和马纳斯卢峰

从喜马拉雅山脉流向塔莱平原的泥沙由一条网状河流运送，并在平原的北部形成一个巨大的扇形地。图片拍摄于流经尼泊尔的纳拉亚尼河上空。

现在我们知道！

探索季风诞生的各种痕迹

亚洲季风气候是什么时候诞生的呢？解开这个问题将有助于阐明喜马拉雅山脉形成的时间。因为亚洲季风是随着喜马拉雅山脉的抬升而诞生的。让我们探索陆地和海洋，寻找喜马拉雅山脉气候变化的痕迹吧。

残留在陆地上的季风诞生的痕迹

陆地研究主要在西瓦利克丘陵进行。西瓦利克丘陵由分布在喜马拉雅山脉前部的1600万年前的河流沉积物组成。通过沉积物的变化，可以知道环境是在何时发生变化以及如何变化的。

人们通过研究结果首先发现河流的形态发生了变化。大约750万年前，河流从蜿蜒河流变成了网状河流[注1]。河流坡度较大，搬运的泥沙越多越容易形成网状。换句话说，这表明河流后面的喜马拉雅山脉抬升了，雨量也增加了。此外，大约在1000万年前，构成现在的大喜马拉雅山脉的变质岩底部的颗粒开始大量与河流沉积物混合。这表明，在这一时期，喜马拉雅山脉已上升到接近当前的高度，并且经受风雨的侵蚀。

从植物化石来看，大约在900万年前，适合湿润气候的常绿阔叶树逐渐与适合干旱气候的草原植被混合生长在一起。在大约900万年前至700万年前的动物化石中，哺乳动物牙齿中的珐琅质部分变得越来越多。这是动物为了吃硬质食物而发生的一种进化，与植物已变成坚硬类的草原植被相对应。也就是说，在这一时期，季风诞生，雨季和旱季分开，表明动植物已经适应了旱雨两季的气候。

白茅

主要分布在喜马拉雅山脉山脚和西亚地区。草本植物，耐高温干旱，茎高。从750万年前开始成为草原的主要植物。

娑罗树

常绿阔叶树，广泛分布在印度至东南亚地区。叶子大而圆，自1100万年前才开始大量生长。

科学笔记

【网状河流】 第86页 注1

河流水流被分成几条，各水流之间有沉积的沙洲，使得河流看起来像网眼一般。沙洲因水流而移动或消失，易在山坡到平原的冲积扇附近形成陡峭的斜坡。

【硅藻】 第87页 注2

一种生活在海水和淡水中的单细胞藻类，是浮游植物之一。海生硅藻通常更喜欢冷水。它是海洋和湖泊食物链底层的初级生产者。

【有孔虫】 第87页 注3

原始的单细胞生物，通常小于1毫米。它主要具钙质壳，并具有各种形状。大多数物种生活在海洋中，分为漂浮在海水中的浮游生物和生活在海底的底栖生物。介壳会沉积形成石灰石。

西南季风形成的上升流

夏季，当西南季风吹拂印度洋时，阿拉伯海出现了上升流。当季风吹走表层水团时，富含营养盐的冷水补充上升，硅藻和浮游有孔虫等浮游生物增多。

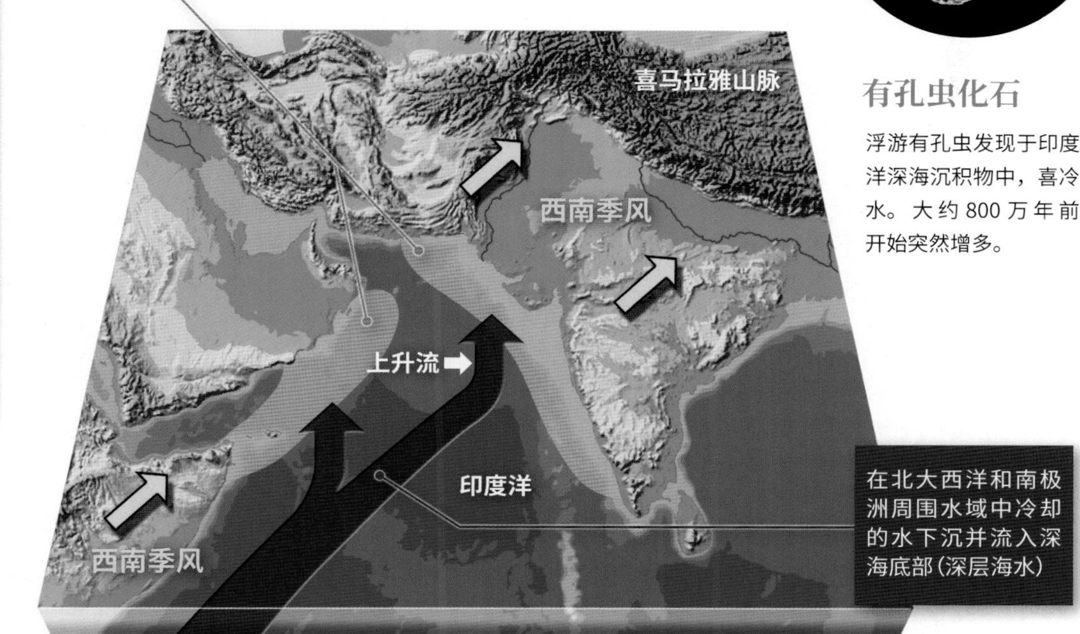
深层冷水上升的海域。此处是良好的渔场，有大量浮游生物。
喜马拉雅山脉
西南季风
上升流
印度洋
西南季风
深层海水
在北大西洋和南极洲周围水域中冷却的水下沉并流入深海底部（深层海水）

有孔虫化石

浮游有孔虫发现于印度洋深海沉积物中，喜冷水。大约 800 万年前开始突然增多。

季风也会对海洋产生影响。

残留在海底的季风诞生的痕迹

此外，人们在海洋中也发现了季风的痕迹。在对印度洋阿曼海域的海底沉积物进行调查时发现，喜冷水团的硅藻[注2]和浮游有孔虫[注3]化石大约在 1000 万年前开始增加，并在 750 万年前变得非常多。这意味着什么？夏季，西南季风增强，印度洋洋面温暖的表层水被吹向东北方向，冷水从深处涌出，这一过程称为上升流。由于上升流中含有大量的营养盐，因此会产生大量的浮游生物，以此为食物的动植物也大量聚集。海底地层中发现大量喜冷水体浮游生物，如硅藻和有孔虫等，这表明季风增强，上升流也变得活跃了。

此外，在孟加拉湾进行的深海钻探研究发现，大约 1100 万年前，从喜马拉雅山脉搬运来的泥沙沉积速度急剧增加。并且，自那以后，在潮湿气候下风化的黏土开始增加。

据推测，大约在 1100 万年前的喜马拉雅山脉的高度已足以形成季风，而大约在 750 万年前，季风已经像现在这样得到了加强。但是，最近的研究表明，季风的诞生可以追溯到大约1500万年前，这方面的调查仍有待进一步研究。

文明与地球　文明的兴衰与季风

印度河文明毁于降雨？

印度河文明是世界四大文明之一，在公元前 1800 年左右急剧衰落。原因众说纷纭，但有一种理论认为，夏季季风变得活跃，雨量增加，在印度河流域引发洪水等。此外，研究者通过中国钟乳洞中残留的石笋对过去 1800 年的降水量进行了推测，结果显示，在唐、宋、元等朝代的末期，夏季季风弱且干燥。也有人说，干旱易引起饥荒，季风的波动可能影响了文明的兴衰。

图为印度河文明最大的城市考古遗址——摩亨佐 - 达罗，在公元前 2000 年左右辉煌至极

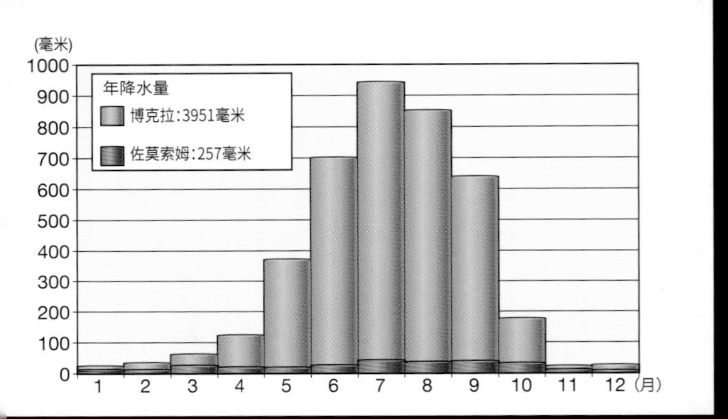

喜马拉雅山脉南北两侧的降水量

图为位于喜马拉雅山脉南侧的博克拉（尼泊尔）和位于北侧的佐莫索姆（尼泊尔）的降水量比较。博克拉的年降水量约为3951 毫米，而佐莫索姆的年降水量仅为 257 毫米。喜马拉雅山脉南北两侧的气候差异一目了然。

夏季风

从印度洋而来的风吹向喜马拉雅山脉和西藏上空，被喜马拉雅山脉阻挡，在南坡形成云层和大量降雨，同时给季风无法到达的北坡和西亚带来干燥气候。

积雨云

云层迅速聚集并变成积雨云，到达对流层顶。

上升的空气

湿润的空气沿喜马拉雅山脉南坡上升。空气中的水蒸气冷却凝结成云。

温暖湿润的空气

从印度洋上空的高压地区吹向喜马拉雅山脉和西藏群山上空的低压地区。

随手词典

【地球自转偏向力】
在地球自转的影响下产生的，作用在移动物体上的力。在北半球，它使行进方向往右偏，而在南半球，则使行进方向往左偏。它会影响大气的流动和洋流。也称为科里奥利力。

【对流层顶】
距地面平均高度11 千米的大气层称为对流层，而距地面约11 ～ 50 千米的大气层称为平流层，对流层顶是对流层与平流层的分界面(对流层界面)。平流层有臭氧层，可以吸收对生物体有害的紫外线。

【凝结 】
气体变成液体的现象，如水蒸气会变成水滴。此时，热量释放到周围环境中，该热量称为汽化热。

假如 如果喜马拉雅山脉和青藏高原都不存在？

如果不存在喜马拉雅山脉和青藏高原，亚洲的气候将会发生怎样的变化？根据气候数据模拟显示，如果喜马拉雅山脉和青藏高原完全是平地，中国将被干旱气候广泛覆盖，而干旱气候将延伸到现在温暖湿润的东南亚地区。

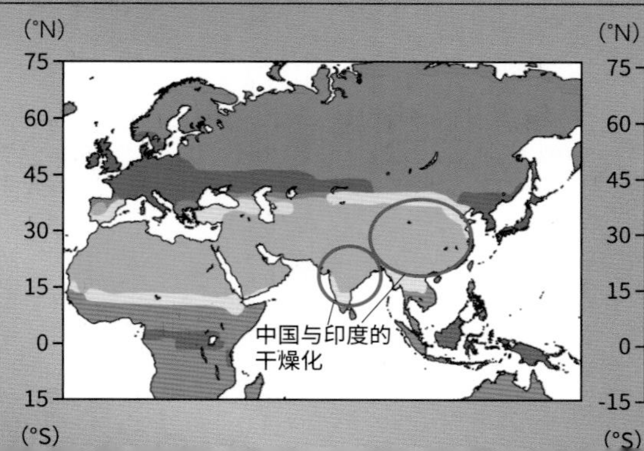

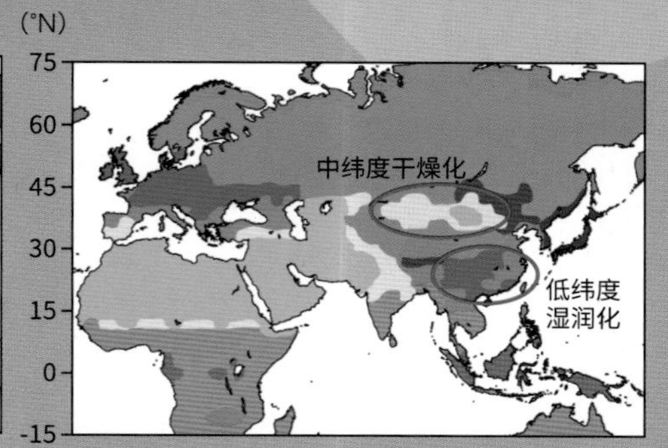

图为有喜马拉雅山脉和青藏高原的情况(右)和没有喜马拉雅山脉和青藏高原的情况(左)的气候模拟图。橙色代表沙漠·草原气候

原理揭秘

季风的形成机制

夏季，温暖潮湿的印度季风被喜马拉雅山脉阻挡上升，在南坡形成云层和大量降雨。与此相反，冬季，西伯利亚冷空气被喜马拉雅山脉阻挡，在北部形成巨大高压，干燥的冷风吹向赤道附近的低压地带。在这里，让我们以夏季为例看一下季风形成的机制。

图为青藏高原广阔的干旱地带。夏季，干燥的高温空气流向喜马拉雅山脉北侧，形成沙漠和台阶。

青藏高原

大喜马拉雅山脉

小喜马拉雅山脉

西瓦利克丘陵

干燥的空气

喜马拉雅山脉南坡上失去水分的干燥空气穿过喜马拉雅山脉，下沉到青藏高原。

大量降雨

积雨云在喜马拉雅山脉南坡上带来大量降雨。

尼泊尔位于喜马拉雅山的南坡，每年的6月至9月有大量降雨。随着季风的来临，也进入了水稻播种季节，男女老少大多忙于田间劳动。

季风与气压分配

被冰雪覆盖的喜马拉雅山脉和青藏高原阻挡了来自西伯利亚的冷空气，在其上空形成高压。干燥的冷风从那里吹向赤道附近的低压地区。

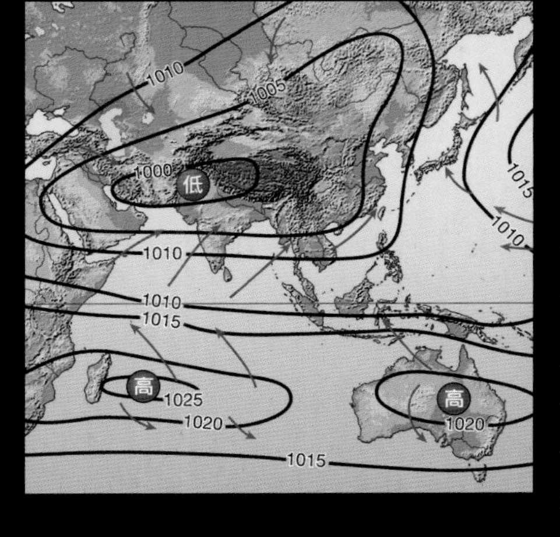

夏

马达加斯加海域形成副热带高压，喜马拉雅山脉和青藏高原上空形成低压。风从高压地区向北吹向低压地区，但受地球自转偏向力的影响偏向东北方向，吹向喜马拉雅山脉。

喜马拉雅之花

Flowers of the Himalaya

为高山增添亮丽色彩的可爱花朵

喜马拉雅山脉是世界上最高的山脉，暴露于低温、强紫外线和强风等恶劣环境中。下面，我们将介绍在这种环境下仍能独自实现进化，开出美丽花朵的植物。

喜马拉雅植被垂直分布示意图

喜马拉雅山脉从海拔100米以下的低地到海拔8000米以上的高地，其海拔差超过8000米。因此，这里气候和环境各不相同，并且生活着极其多样的植物。在这里，我们将列举春季和夏季在3000~5500米的海拔高度上会绽放美丽花朵的植物。

5500m~8000m	**恒雪带** 覆盖着冰雪，几乎看不到有植物的生长。
4000m~5500m	**高山带** 杜鹃低矮灌木林、草、高山植物
3800m~4000m	杜鹃灌木林
3000m~3800m	**亚高山带** 冷杉等针叶林
1000m~3000m	**常绿阔叶林带** 高地是枹栎等常绿阔叶林，低地是锥栗和西南木荷等常绿阔叶林
0m~1000m	**落叶阔叶林带** 树木在干旱季节会落叶，娑罗树是优势种。

【苞叶雪莲】

Saussurea obvallata

喜马拉雅高山植物中特有的“温室植物”之一。最上部茎叶呈半透明色，像胶囊一样将花朵包在里面，自成“温室”，以此保护内部的花朵和昆虫免受严寒侵袭。

数据	
科	菊科
属	风毛菊属
大小	高20～80厘米
拍摄地点海拔	4300米
花期	8—9月

花开在像半透明的花瓣状的薄树叶上

【多刺绿绒蒿】

Meconopsis horridula

不丹国花，代表喜马拉雅高山植物的“蓝色罂粟”之一。夏天开出鲜艳的蓝紫色花朵。生长于海拔3000米以上的岩壁。

数据	
科	罂粟科
属	绿绒蒿属
大小	花朵直径在3～5厘米
拍摄地点海拔	5150米
花期	7—8月

【重冠紫菀】

Aster diplostephioides

每一朵花看起来都像花瓣

发现于喜马拉雅高山地区的一种菊花，花呈淡紫色。整朵花（头状花序）直径为3.5~7厘米。茎干被柔毛，生长在亚高山带到高山带的砂砾质草地和陡坡上，无群落形成。

数据	
科	菊科
属	紫菀属
大小	株高10～40厘米
拍摄地点海拔	5100米(左图)
花期	7—9月

【不丹杜鹃】

Rhododendron kesangiae

从喜马拉雅山脉到中国西部山区的数百种杜鹃花之一。常绿植物，生长在冷杉和铁杉等针叶林中，在春季绽放美丽的粉红色花朵。花的直径为3.5~5厘米，在枝头密集盛开。

数据	
科	杜鹃花科
属	杜鹃属
大小	树高7～15米
拍摄地点海拔	3000米
花期	4—5月

【白絮风毛菊】

Saussurea gossypiphora

生长在高山带的砾石斜坡上。长绢毛包裹了花朵簇拥的所有部分，因此被称为“起毛的植物”。绢毛可以有效地保护花朵免受寒冷和干燥的影响。白色的绢毛球还起到了吸引昆虫的作用。

拨开绢毛，会发现小花密布其中

数据	
科	菊科
属	风毛菊属
大小	株高10～20厘米
拍摄地点海拔	4800米
花期	8—9月

近距直击

高山植物的宝库——“花谷”

楠达戴维山（海拔7816米）位于印度北部，属于喜马拉雅山脉，是印度教圣山，1988年被列入《世界遗产名录》。为保护自然，这里禁止进入，距离此地23千米外的“花谷”作为该遗产的扩展项目，保留了喜马拉雅山脉的自然风光，是高山植物的宝库，允许人们进入。在夏天，我们可以在这里看到苞叶雪莲和“喜马拉雅蓝罂粟”。

在“花谷国家公园”，可以看到高山植物的“花田”

【草玉梅】

Anemone rivularis

生长在亚高山带与高山带之间的森林、草地和休耕地上。全身被柔毛，无花瓣，仅有几片白色萼片。白色萼片和紫色雄蕊之间的对比使它显得分外美丽。

数据	
科	毛茛科
属	银莲花属
大小	株高约60厘米
拍摄地点海拔	3600米
花期	5—8月

图片中看起来像白色花瓣的是萼片。背面略带紫色

冰川覆盖的非洲大陆最高峰

乞力马扎罗山

乞力马扎罗山是屹立于坦桑尼亚东北部的雄峰。海拔5895米，尽管高度不及珠穆朗玛峰，但它是世界上最高的没有形成其他山脉的独立山脉。它形成于约75万年前，是火山活动的结果，虽然位于赤道附近，但因山顶终年满布积雪和冰川而令人印象深刻。植被和动物交织的生态系统也拥有着非洲野生王国独特的生物多样性。

生活在乞力马扎罗山附近的生物

粗尾婴猴

灵长类懒猴科。头和躯干长度约为33厘米，与尾巴长度相似。夜行性动物，主要生活在树上。

花豹

大型猫科食肉动物。头部和躯干最长约1.9米，体重约80千克。潜伏于树上，以攻击猎物。由于狩猎的影响，数量在不断减少。

伊兰羚羊

分布在非洲东部、南部，牛科，体长约3米。是羚羊中最大的物种，长有尖锐的旋角。

狄氏半边莲

桔梗科半边莲属植物。分布在海拔3000米以上的高原上，茎中含有大量液体。

坦桑尼亚的象征
乞力马扎罗山的壮丽景色

乞力马扎罗山在当地语言中的意思是“闪闪发光的山”。山麓位于热带稀树草原地区，覆盖着高达 3000 米的热带森林。再往上变成了称为石楠荒原的灌木丛区和寒冷的荒地，冰川分布在海拔 5000 米左右的地方。据说，近年来冰川消融的情况十分严重，并可能在未来十几年内彻底融化消失。

西方占星术

天体的运动是否会决定人类命运

据说占星术起源于公元前18世纪的巴比伦尼亚。它也被称为『利用太阳系中所有大物质的位置作为变量的方程式』。但是，宇宙的力量真的会影响地球事件和人类吗？

“我很担心。根据计算，当所有天体宫位与我的出生日期（1571年12月27日）完全相同的那一天，我将面临一场决定性的灾难……”

天文学家约翰尼斯·开普勒制定了天宫图，并表达了这种焦虑。

当地心说在民间占据主导地位的时候，开普勒却坚定地认为日心说更有意义，提出了“开普勒定律”。他既是一位天文学家，同时也是神圣罗马皇帝的御用占星师。

尽管当时的天文学家无法仅靠占星术谋生，但现代天文学的鼻祖，例如哥白尼和开普勒，都是出于对占星术的兴趣而开始研究天文学的。

据说，现在出现在杂志等媒体上的“占星”，仅仅传达了天宫图的表面信息。那么，西方占星术是基于什么想法形成的呢？

解读黄道十二宫面貌

黄道十二宫的起源可以追溯到古巴比伦王国，盛行于现在的伊拉克南部和美索不达米亚地区。最早的占星术文献完成于公元前18世纪左右。最早的个人占卜记录出现在公元前410年的一块黏土板上。上面刻有根据贵族子弟出生时的星星位置进行的运势判断，还记载了与现在相同的星座名称，如天蝎座和双鱼座，以及月亮、火星、水星、木星、金星、土星的位置关系。

后来，西方占星术在罗马时代早期，即2世纪左右时基本成型。它的基础是古希腊哲学家柏拉图提出的“宏观宇宙”和“微观宇宙”的对应关系这一概念，这种概念认为，宇宙的面貌对每个人都有很大的影响。

那么，什么是天宫图呢？它指的是记载每个人出生时的天体宫位的图表。

从地球上看，太阳一年绕地球一圈这样的移动路线被称为黄道，它是人们在天球上假设出来的一个大圆。天宫图以春分点为起点，沿黄道分成12个相等的部分（黄道十二宫），并将位于黄道的12个星座作为标志（宫）。此外，太阳和月亮，以及水星、金星和火星都是围绕黄道十二宫的天体，人们认为它们各自都有其意义和功能。

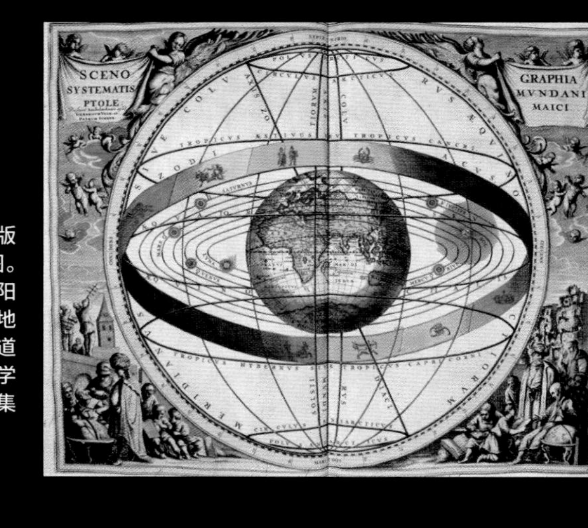

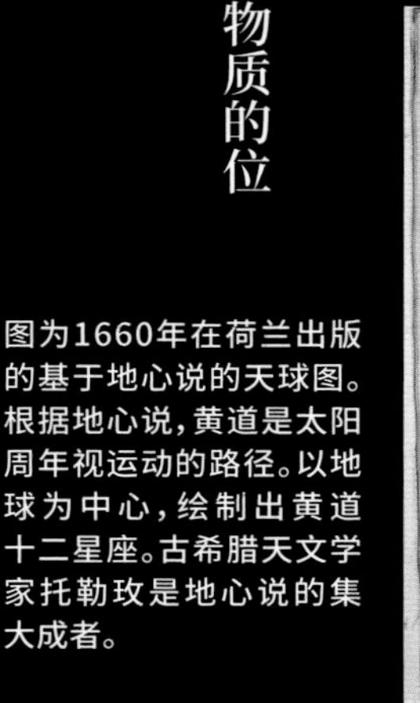

图为1660年在荷兰出版的基于地心说的天球图。根据地心说，黄道是太阳周年视运动的路径。以地球为中心，绘制出黄道十二星座。古希腊天文学家托勒玫是地心说的集大成者。

图为在南美智利帕瑞纳山山顶的甚大望远镜拍摄到的黄道光。沿天球黄道出现的微弱光带称为黄道光，由行星际尘埃微粒将太阳光散射而形成

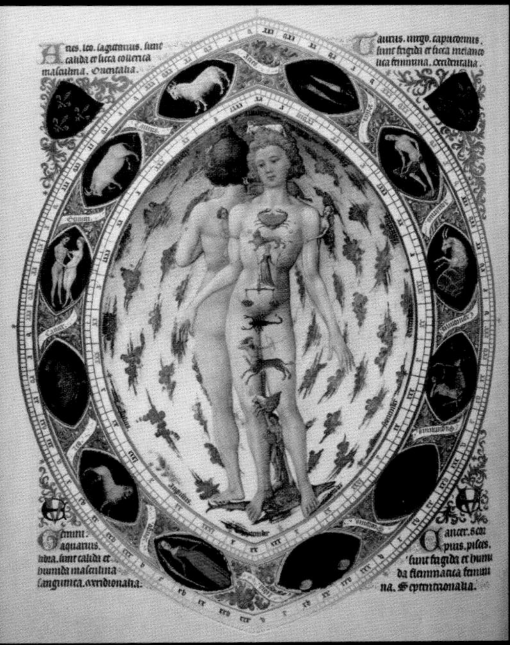

图为15世纪在法国创作的《贝里公爵的豪华时祷书》中的“占星术人体图”。图中描绘了星座与个人体质之间的关系，如白羊座的人在头痛，金牛座的人肩膀痛（肩膀上有牛）等

简而言之，西方占星术就是在解读天宫图的意义，例如在不同的人生境况下，天宫图上分别有哪几个天体，位于哪几个角度……

天宫图在漫长的历史中也发生了许多变化。现在的十二宫与 12 个星座的位置并不完全相同。公元前 130 年左右，位于春分点的白羊宫与星座中白羊座的位置是一致的，但是由于地轴的变化，位于春分点的星宫从双鱼座移到了水瓶座。

地球并不是宇宙的中心，我们还发现了一些行星，如天王星、海王星和冥王星等。冥王星在 2006 年被重新归类为矮行星。

西方占星术灵活地应对了这些变化。但是，往坏处想，这是一种机会主义。实际上，我们能否合理地证明宇宙的力量会影响个人呢？

统计学的调查结果如何呢？

1955 年，发布了一项有关占星术有效性的调查结果。发布者是法国统计学家、心理学家米歇尔·高奎林。

这原本是为了证明占星术的无效性而展开的一项调查，但是在验证了数千个人的天宫图之后，高奎林发现，当一流运动员出生的时候，火星位于东方地平线上或到达子午线。这些证据后来被称为“火星效应”，在当时成了一大话题。1967 年，高奎林发表了《太空钟》，集 20 年研究之大成。除运动员以外，他还对医生、军人和政治家等进行了调查，通过“从事特定职业的人的出生日期和行星位置之间存在相关性”这一角度，传达了占星术的有效性。但是，70 年代在美国进行的调查却以失败而告终。90 年代，他又在法国进行了大规模的调查，宣布职业与星座之间并无关联，就此否定了“火星效应”。

真相到底如何呢？

话说，就像开普勒自己在一开始预言的那样，他果真在 1630 年 11 月 15 日那天，在旅途中因发高烧而死亡。那么，这算是被占卜命中了吗？又或许是因为他太紧张了呢？

也许正因为科学无法解释宇宙运动和个人的关系，才使得占星术直到今天都深受欢迎。

约翰尼斯·开普勒
（1571—1630）

德国天文学家、数学家、自然哲学家、占星师。他还因将音乐的共鸣与行星的面貌联系起来而广为人知。在天文学方面，他提倡日心说，但没有在此基础上研究占星术。

长知识！地球史问答

Q 喜马拉雅山脉在不断升高？

A 由于印度板块在不断北移，所以喜马拉雅山脉和青藏高原现在仍在缓慢上升。据推测，过去 900 万年来，珠穆朗玛峰的平均上升速度为每年 1±0.2 毫米。另一方面，过高的喜马拉雅山脉在自重的作用下发生崩塌，出现断裂而变低。裂缝南北延伸，形成山谷。自古以来，人们就通过该山谷来往于印度和西藏，那也是佛教传播的途径之一。裂缝处的活断层不断活动，现在仍处于继续“断裂”之中。因此，喜马拉雅山脉在变高的同时也在变低，由于无法进行精确的测量，目前的升高速度尚不清楚。

Q 喜马拉雅山脉也有温泉吗？

A 温泉通常发现在第四纪以后的火山带中，但众所周知，在没有火山活动的喜马拉雅山脉一带也有许多温泉，它们的最高温度在 71 摄氏度左右。由于作为温泉来源的地热是由断层运动产生的，因此温泉涌出的位置也沿着 MCT（主中央逆冲断层）变质带正下方分布。尼泊尔安纳布尔纳峰南麓的塔托帕尼温泉等著名景点不仅被当地居民使用，也供登山者使用。

位于安纳布尔纳峰南麓的塔托帕尼温泉。塔托帕尼在尼泊尔语中意为“热水”

Q 有能够飞越喜马拉雅山脉的动物吗？

A 有一种鸟成群结队地飞在群山相连、海拔超过 8000 米的喜马拉雅山脉的上空。这是蓑羽鹤迁徙时的景象。蓑羽鹤是喜干旱草原的鹤类，从春季到夏季在青藏高原等地繁殖，一到秋天就要飞越喜马拉雅山脉前往印度过冬。为什么它们要进行如此艰巨的迁徙之旅呢？人们认为，蓑羽鹤很可能在喜马拉雅山脉未抬升之前便已习惯向南迁徙。之后，随着喜马拉雅山脉的抬升，为了在稀薄的大气中也能吸收氧气，蓑羽鹤发生了进化。

蓑羽鹤利用上升流飞越喜马拉雅山脉

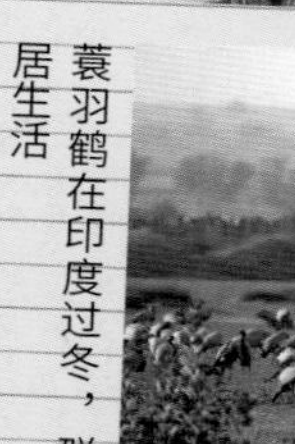

蓑羽鹤在印度过冬，群居生活

夏季，亚洲有 3 种季风吹拂，每年的 5 月到 9 月，从日本到印度都是雨季

日本的梅雨前线（5 月底到 7 月）
40°N
20°N
赤道
印度季风
东南季风
东亚季风

Q 季风与梅雨有何关联？

A 亚洲季风共分为 3 部分：从西部而来的印度季风、东南亚季风和东亚季风。它们分别从马达加斯加海域、澳大利亚附近和太平洋上空的高压地区吹向喜马拉雅山脉和青藏高原上空的低压地区。夏季季风对日本的影响发生在 5 月到 7 月的梅雨季节。此时形成的雨云从日本经中国和中南半岛延伸至印度约 8000 千米，为亚洲水稻种植区带来了大量降水。

南极大陆孤立

3390万年前—2303万年前

[新生代]

新生代是指从6600万年前开始持续至今的时代。在这一时期，哺乳动物、鸟类以及被子植物等取代中生代的恐龙，迎来了全盛时期。不久，在它们之中，一个新的角色隆重登场，那就是我们——人类。

第 99 页 照片 / Alfo
第 100 页 图片 / JARE5/ 菅沼悠介
第 102 页 插画 / 月本佳代美
第 103 页 插画 / 斋藤志乃
第 105 页 插画 / 上村一树
第 106 页 插画 / 上村一树
图表 / 科罗拉多高原地球系统公司
照片 / 甲能直树
图表 / 三好南里
第 107 页 照片 / 克里斯托弗·罗纳
插画 / 上村一树
第 108 页 照片 / 日本国立科学博物馆
图表 / 三好南里
插画 / 上村一树
第 111 页 插画 / 月本佳代美
第 112 页 照片 / 盖蒂图片社
照片 / 西田治文
照片 / 西田治文
照片 / 盖蒂图片社
第 113 页 图表 / 三好南里
图表 / 加藤爱一
插画 / 斋藤志乃
第 114 页 图表 / 加藤爱一
图表 / 加藤爱一
照片 / 威廉·克劳福德 (IODP/TAMU)
第 115 页 照片 / 池原实
照片 / 大卫·哈伍德
第 116 页 照片 / 法新社图片库 / 斯蒂夫·兰杜尔 /CSIRO
图表 / 加藤爱一
插画 / 加藤爱一 / 罗伯特·西蒙 / 美国国家航空航天局
第 117 页 照片 /©2014 Norbert Wu/www.norbertwu.com
第 119 页 插画 / 伊藤晓夫
照片 / 日本国立科学博物馆
第 120 页 图表 / 科罗拉多高原地球系统公司
插画 / 伊藤晓夫
第 121 页 本页插画均由伊藤晓夫提供
照片 / 冨田幸光
照片 /PPS
第 122 页 图表 / 三好南里
照片 / 阿拉米图库
照片 /PPS
照片 /©NHK/NEP/DISCOVERY CHANNEL
照片 / 日本海洋科技中心
照片 / 日本海洋科技中心
第 123 页 照片 / 阿玛纳图片社
照片 / 戴安娜·伯雷（维多利亚博物馆）
照片 / 日本海洋科技中心
照片 / 藤原義弘 / 日本海洋科技中心协同新江之岛水族馆
照片 / 日本海洋科技中心
照片 / 藤原義弘 / 日本海洋科技中心
第 124 页 照片 /Aflo
照片 /PPS
照片 /Aflo
照片 /Aflo
第 125 页 照片 /Aflo
第 126 页 照片 / 联合图片社
第 127 页 照片 / 联合图片社
照片 / 斑鸠寺
照片 / 联合图片社
第 128 页 插画 / 新村龙也（日本足寄动物化石博物馆）
照片 / 日本朝日新闻社
照片 / 照片图书馆

高知大学副教授　池原实

“咆哮的南纬 40 度，狂暴的南纬 50 度，尖叫的南纬 60 度。”
这句话概括了南冰洋暴风圈的可怕，而被暴风圈裹挟的南冰洋中有着世界上最大的洋流——南极绕极流。
南极附近的洋流随着南极大陆的孤立发生了很大的变化，无论是对地球整体的气候，还是对以哺乳类为代表的动物们，都产生了巨大的影响。
现在，让我们一点一点揭开它的面纱吧！

代	纪	世	起始（万年前）
新生代	第四纪	全新世	现今–1.17
		更新世	1.17–258
	新近纪	上新世	258–533
		中新世	533–2303
	古近纪	渐新世	2303–3390
		始新世	3390–5600
		古新世	5600–6600

（单位：万年前）

冰层下隐藏着关于超级大陆的线索

瑟伦丹山脉位于东半球的南极大陆上，大小约等于日本四国岛的面积。构成该山脉的岩石，形成于约5亿年前的地壳运动中。

在大约5亿年前，南极大陆与现在的非洲、南美洲、澳大利亚和印度板块碰撞，成为冈瓦纳古陆的一部分，然而在数亿年后，它又再次开始分裂。瑟伦丹山脉就是这一远古时代板块碰撞与分裂活动的产物，现在依旧可以在它的身上找到当时留下的痕迹。

超级大陆到底是怎样形成的？南极大陆又是如何孤立的？这些答案的线索，就隐藏在冰层之下的土地中。

东南极洲的瑟伦丹山脉

瑟伦丹山脉位于东半球的南极大陆上，在日本“昭和基地”观测站以西约 600 千米处。科学界认为它是约 5 亿年前冈瓦纳古陆形成初期板块碰撞的产物，日本驻南极考察团曾数次前往进行考察，取得了重要的成果。照片由第 53 批南极地区考察队队员菅沼悠次拍摄。

哺乳类重回海洋

从古近纪始新世末开始，至渐新世，全球气候不断变冷。此时，在有着巨大冰床的南极大陆沿岸，出现了前所未见的动物的身影。它体型巨大，身长十多米，发达的鳍使它能在水中自如活动。但是，它既不是鱼类，也不是爬行类。它到底是什么？它就是刻齿鲸——须鲸类最古老的一员。哺乳类向水中进化始于约 5000 万年前。其中，鲸类的老祖宗是生活在亚洲南部的半水生动物，它的生活习惯与河马相似，进化了将近 1400 万年才完全适应水中的生活。鲸类——包括之后雄霸地球史上最大动物宝座的蓝鲸——的登场，最好地阐释了新生代时哺乳类的大跃进和多样化进程。

南极大陆
刻齿鲸

鲸类的诞生

哺乳类回归海洋 鲸类诞生

大约 5000 万年前，正值特提斯海闭合之际，鲸类的祖先从陆地回归海洋。随着学界对原始鲸类的不断研究，它们令人意外的进化之路逐渐展示在世人面前。

看，多像鳄鱼啊！

新近研究发现意外的故事

随着恐龙时代的终结，哺乳类迎来了属于它们的繁盛期。及至始新世，地球上大部分现存物种的祖先都已经出现。当时，亚洲大陆的南端紧挨着印度次大陆，两者之间隔着浅浅的特提斯海。这片温暖的海域有着丰富的生态系统，然而一直称霸至白垩纪的海中王者长颈龙已经灭亡了。

于是，部分哺乳类为了捕食鱼类，开始将目光投向海洋，并逐渐进化出能适应水中生活的形体——长久以来，人们都是如此阐述鲸类进化历史的。然而，随着近年的不断研究，科学家们发现鲸类的祖先绝不是积极主动向海洋进发的。

最早，鲸类的祖先为了避免被天敌发现，选择躲在水边。逐渐地，在这些动物中出现了能较好适应水中生活的肉食性种群。它们像鳄鱼一样巧妙地将身体藏于水中，面朝陆地，不断袭击来到水边的其他哺乳动物。也就是说，鲸类的祖先并不是为了猎食海洋中的食物而选择进化至海中生活的。事实上，它们是因为习惯了在海边隐藏身形，才逐渐适应了海中生活。

特提斯海海域的鲸类

这是对约 4900 万年前巴基斯坦附近海域的想象图。在特提斯海海边，原始鲸之一的游走鲸正在袭击来到岸边的小型哺乳动物。

现在我们知道！

在陆地上进化出的功能，在海水中帮了好大的忙

与鲸鱼祖先亲缘关系最近的印多霍斯兽

| *Indohyus* |

4860 万年前至 4130 万年前，生活于亚洲南部的植食性哺乳动物。它们主要在陆地上生活，同时也能在水中活动。虽然外表形似鼷鹿，但实际上与鲸鱼的祖先亲缘关系最近。

特提斯海的位置

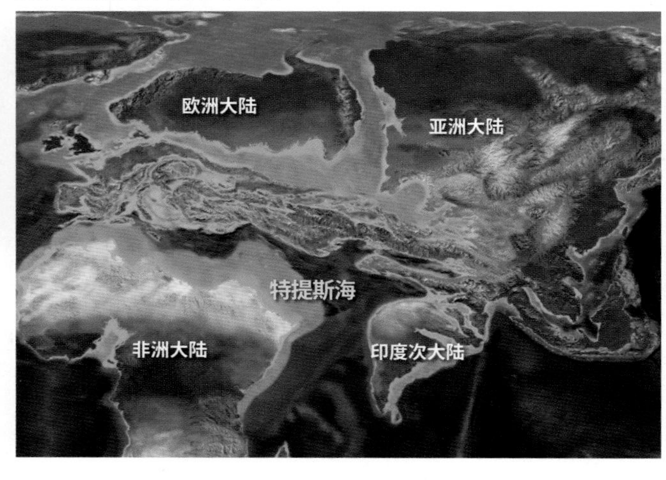

这是约 5000 万年前印度次大陆开始撞击亚洲大陆时的世界地图。横亘在亚洲、印度和非洲各大陆之间的，就是特提斯海。

通过研究近些年发现的化石，我们已经逐渐掌握真相的轮廓。现在，就让我们一起沿着鲸类祖先长达 5000 万年的进化之路来瞧一瞧吧。

鲸类的祖先是逃跑高手

学界普遍认为约 5000 万年前的巴基斯坦古鲸是最古老的鲸类。它们生活于现在的巴基斯坦，四只脚上有蹄，脚踝的骨骼粗壮，构造像滑轮。这是鹿、牛等偶蹄目[注1]动物的特征，滑轮状的骨骼形态有利于它们迅速起跑，快速奔跑。巴基斯坦古鲸一般在水边捕食螃蟹等动物，一旦被肉食性动物袭击，就会迅速逃跑，可以说是一名"逃跑高手"。

近些年，学界还发现了印多霍斯兽的化石。印多霍斯兽是巴基斯坦古鲸的近亲族群，不过前者是类似于鼷鹿的植食性动物。两者的相同之处，首先在于它们的眼睛都在头的上部。基于这个构造，即使它们低下头吃东西，也能清楚地观察到周围的情况。这样，它们就能在第一时间发现敌人的存在，并且快速逃入河流中或湖水中。

巴基斯坦古鲸和印多霍斯兽的另一共同之处在于两者鼓膜附近的骨头，即鼓膜泡的内壁都很厚。大多数动物的这块骨头都比较薄，因为这样声音比较容易通过鼓膜内部的空气进行传导。而当这块骨头变厚之后，下颚处传导过来的振动就能直接传达至耳中。鲸鱼的祖先就是这样。它们习惯于面朝下、下颚紧挨地表的姿势，通过下颚感知地表传过来的振动。

大约在 4900 万年前，原始的肉食性鲸鱼——游走鲸登上历史舞台。这种动物能较好地适应水中的生活，它们将身体潜在海水中，不时地袭击来海边的小型哺乳动物。它们的鼓膜泡也很厚，猎食时将下颚靠在海底或岸边，通过下颚来捕捉猎物靠近的脚步声。事实上，这种耳骨的结构正是鲸类的特征。地球上现存的齿鲸亚目[注2]发射超声波后，同样通过下颚来感知并把握周围的情况。也就是说，这些鲸鱼的祖先在陆地上就已经使用的身体机能，到了声音传导比较困难的海水中，又非常巧合地派上了大用处。

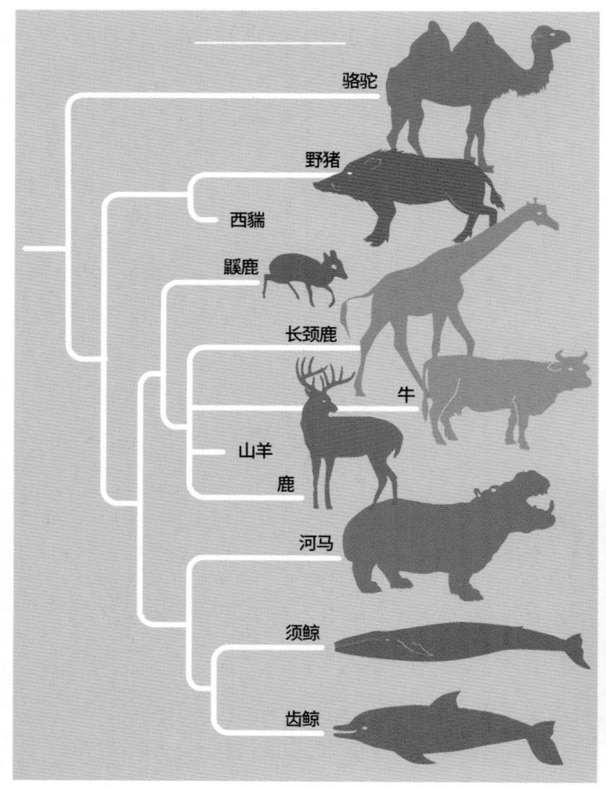

鲸类的进化树

上图是根据最新分子系统发生学研究导出的进化树。在地球现存的动物中，鲸类与河马的亲缘关系最近。

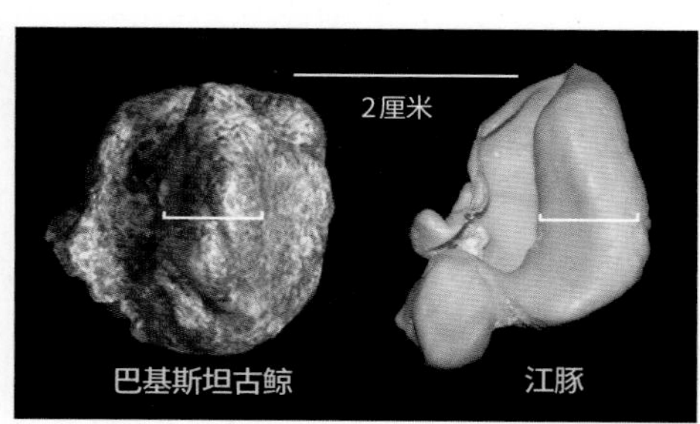

鲸类的鼓膜泡

巴基斯坦古鲸（左）与现存的海豚、江豚（右）鼓膜附近的骨骼。上方是吻部，左方是外侧。如图所示，两者画线处的部分都比较厚。

随着海洋环境的变化，它们的身影遍布世界各大洋

大约 4300 万年前，主要栖息在

"鲸鱼谷"的位置。2005年，此处被列入《联合国教科文组织世界遗产名录》。

沉睡于"鲸鱼谷"的矛齿鲸的化石

"鲸鱼谷"位于埃及北部沙漠地带的瓦地阿希坦地区。科学家们在此地发现了400多具原始鲸类的化石。图示照片为矛齿鲸的化石，由野外博物馆原状保存。

海中的罗德候鲸出现了，但它们的四肢依旧很发达，并且在陆地上生产繁殖。到了大约4100万年前，随着陆地板块的移动，洋流也发生变化。之前高纬度海域只有暖流，此时也被寒流入侵（详见第110页后的内容）。如此，海底深处的营养物质随着上升流[注3]大量翻涌上来，浮游生物增多，以此为食的生物链体系重新构建。鲸类在这样的海中如鱼得水，开始在世界范围内迁徙。美国佐治亚州曾出土过一具约4000万年前的鲸鱼化石。这种沃洛特乔治亚古鲸正是当时鲸类的一种，我们可以看到它依旧有着健硕粗壮的后肢。

在那之后不久，背脊鲸、矛齿鲸等鲸类遍布世界各大洋并愈发繁盛。此时，它们已经完全变成了水生生物，后肢变小退化，尾鳍变得发达，形体接近于现在的鲸类。接着，大约3600万年前，各种齿鲸和须鲸陆续出现，鲸类终于开始了争霸海洋的旅程。

新闻聚焦

鲸鱼竟然袭击了鲸鱼

2012年，美国密歇根大学古生物学家飞利浦·金格里奇在一具矛齿鲸幼崽的头骨上发现了一个洞，研究后确认这是背脊鲸撕咬后的"杰作"。背脊鲸生活于始新世晚期的海洋中，身长可达20米，体形细长，是一种凶猛的猎食者。

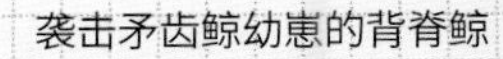
袭击矛齿鲸幼崽的背脊鲸

科学笔记

【偶蹄目】第106页 注1
指四肢前端拥有偶数蹄的哺乳动物。植食性，分为反刍亚目（如牛、鹿等）和非反刍亚目（如河马、野猪等）。现在，鲸也被归入此类，合并称为鲸偶蹄目。另外，像马、犀牛、貘等有着奇数蹄的哺乳动物，被称为奇蹄目。

【齿鲸亚目】第106页 注2
现存的大部分鲸类在头部顶端有一个叫"额隆体"的器官，它们通过该器官定向发出超声波，并通过超声波的回波判断周围的情况来捕食猎物，这一鲸类种群就被称为齿鲸亚目。另外，没有牙齿，通过鲸须摄取食物的鲸类种群，被称为须鲸亚目。

【上升流】第107页 注3
受季风、信风、地形的影响，海底深处密度较大的寒冷水流上升至表层，这一水流被称为上升流。因为富含营养盐类的海水被带到有着充足光照的海水表层，浮游植物以及捕食浮游植物的浮游动物大量繁殖，所以在上升流附近易形成优质的渔场。典型的上升流有发生在赤道附近的赤道上升流和发生在海洋沿岸的沿岸上升流。

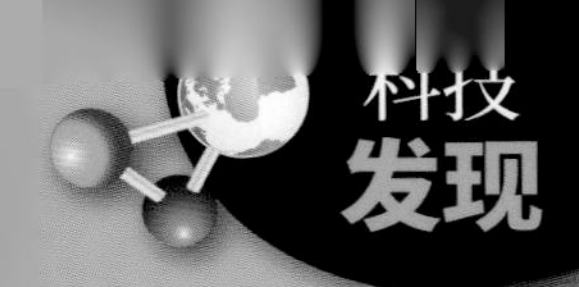

解析进化关系的最终武器——SINE序列法

在真核生物的基因组中，有一个未明确机能的碱基序列，它被称为“SINE”。将SINE序列复制插入基因组中，一旦插入，就再也不会消失，将世世代代被子孙继承。基于这个原理，只要在多种生物之间，调查基因组的特定位置是否有SINE序列，就可以明确它们在进化过程中的亲缘关系。

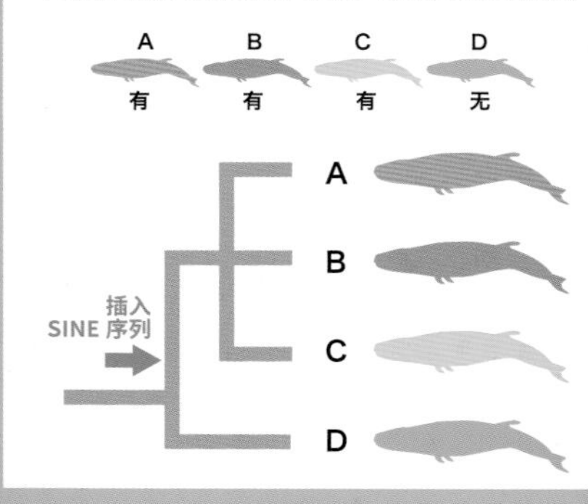

对4种生物基因组的特定位置进行检测，假设只有D生物没有SINE序列，则说明该序列是A、B、C三种生物的共同祖先与D分支后才插入的。

随手词典

【髋骨】
组成骨盆的一种骨头，具有连接后肢与躯体的作用。髋骨结实的话，后肢就能很好地支撑身体，动物就能凭借后肢的力量驱使身体运动。早期的鲸类拥有结实的髋骨，但随着它们越来越适应水中生活，后肢逐渐不再使用，髋骨在大部分的鲸类身体中都已经不见踪影。

【鼻孔的位置】
在陆地上生活的哺乳动物的鼻孔都在吻部，但随着对水中生活的适应，鲸类的鼻孔位置逐渐移至头部顶端。我们平时看到的鲸鱼喷水，就是它通过头部顶端的鼻孔在呼吸。

【基因组】
按照目前主流的分子生物学说法，基因组指某种生物所有遗传信息的总和。它包括DNA的碱基序列，也包括染色体的构造等。

约5000万年前

巴基斯坦古鲸

Pakicetus attocki

全长约2米，在干旱地带的水边过着半水生的生活，四肢长，前端有蹄。也有说法认为，它的脚趾之间有蹼。该古鲸的化石多发现于巴基斯坦和印度。

四肢长且健硕

鼻孔的位置注在吻部前端，眼窝的位置在头部顶端附近。

约4900万年前

游走鲸

Ambulocetus natans

全长约3米，生活于特提斯海海岸附近。它也是半水生动物，但是比巴基斯坦古鲸更好地适应了水里的生活，常隐匿于海中，袭击陆地上的动物，有时也会猎食海中的鱼类。该古鲸的化石多发现于巴基斯坦。

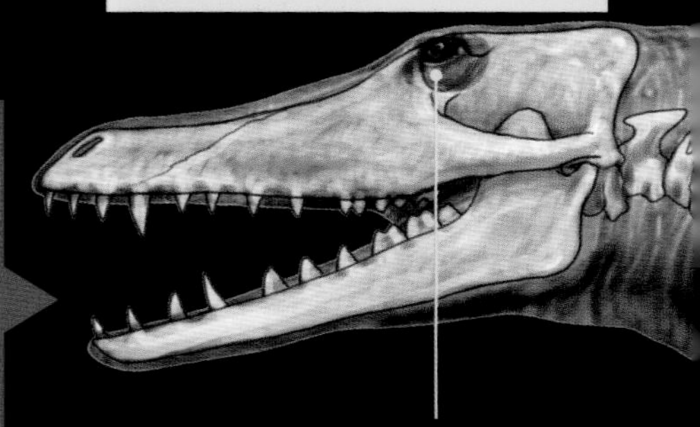

眼睛位于头部顶端附近，露出水面以瞄准猎物

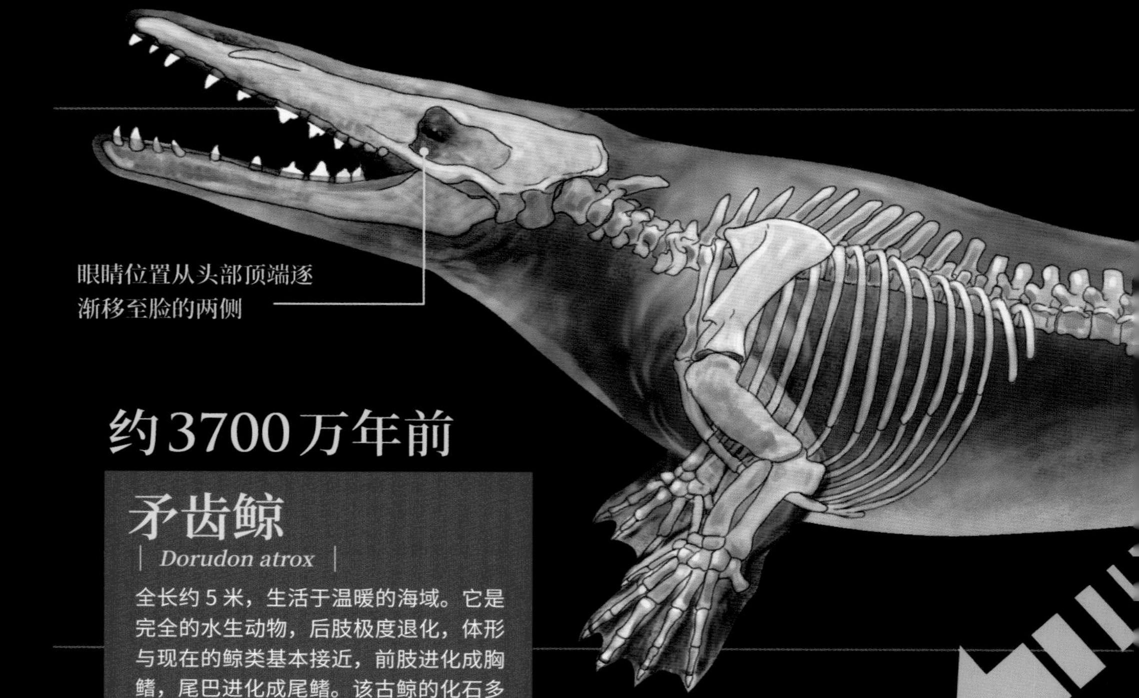

眼睛位置从头部顶端逐渐移至脸的两侧

约3700万年前

矛齿鲸

Dorudon atrox

全长约5米，生活于温暖的海域。它是完全的水生动物，后肢极度退化，体形与现在的鲸类基本接近，前肢进化成胸鳍，尾巴进化成尾鳍。该古鲸的化石多发现于埃及。

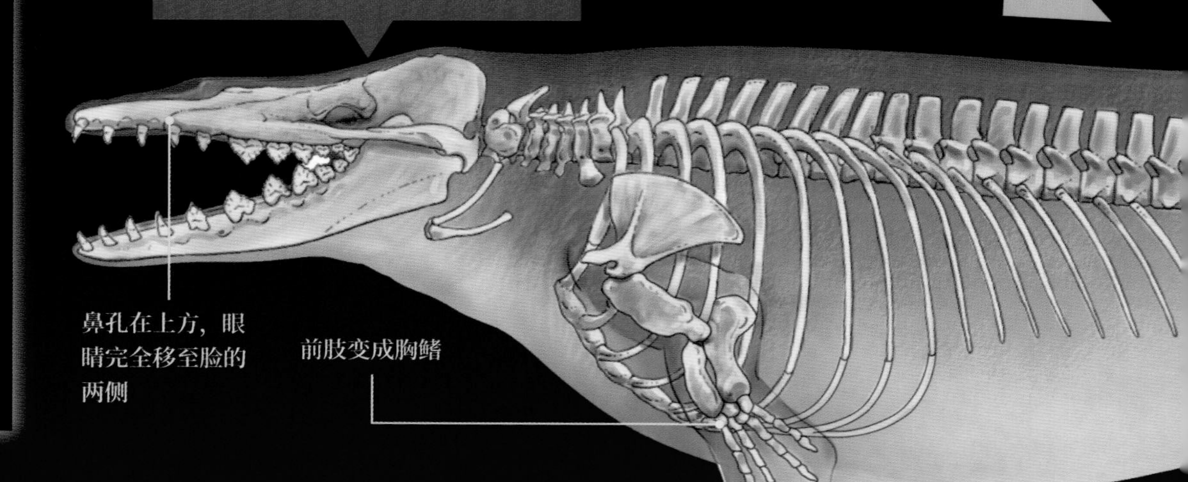

鼻孔在上方，眼睛完全移至脸的两侧

前肢变成胸鳍

原理揭秘

鲸类是这样进化的

进入始新世后，早期的鲸类逐渐将栖息场所从陆地转移至海中。以陆地生活为主时，它们有着长长的四肢和蹄，但随着在海中生活的时间变长，它们的身体结构发生变化，变得更适合在水中游泳。及至始新世晚期，现存鲸类的祖先正式登场。随着考古工作的展开，我们发现了越来越多的鲸类化石，那么现在就让我们跟着这些骨骼化石来看一看鲸类到底是如何一步步进化的吧。

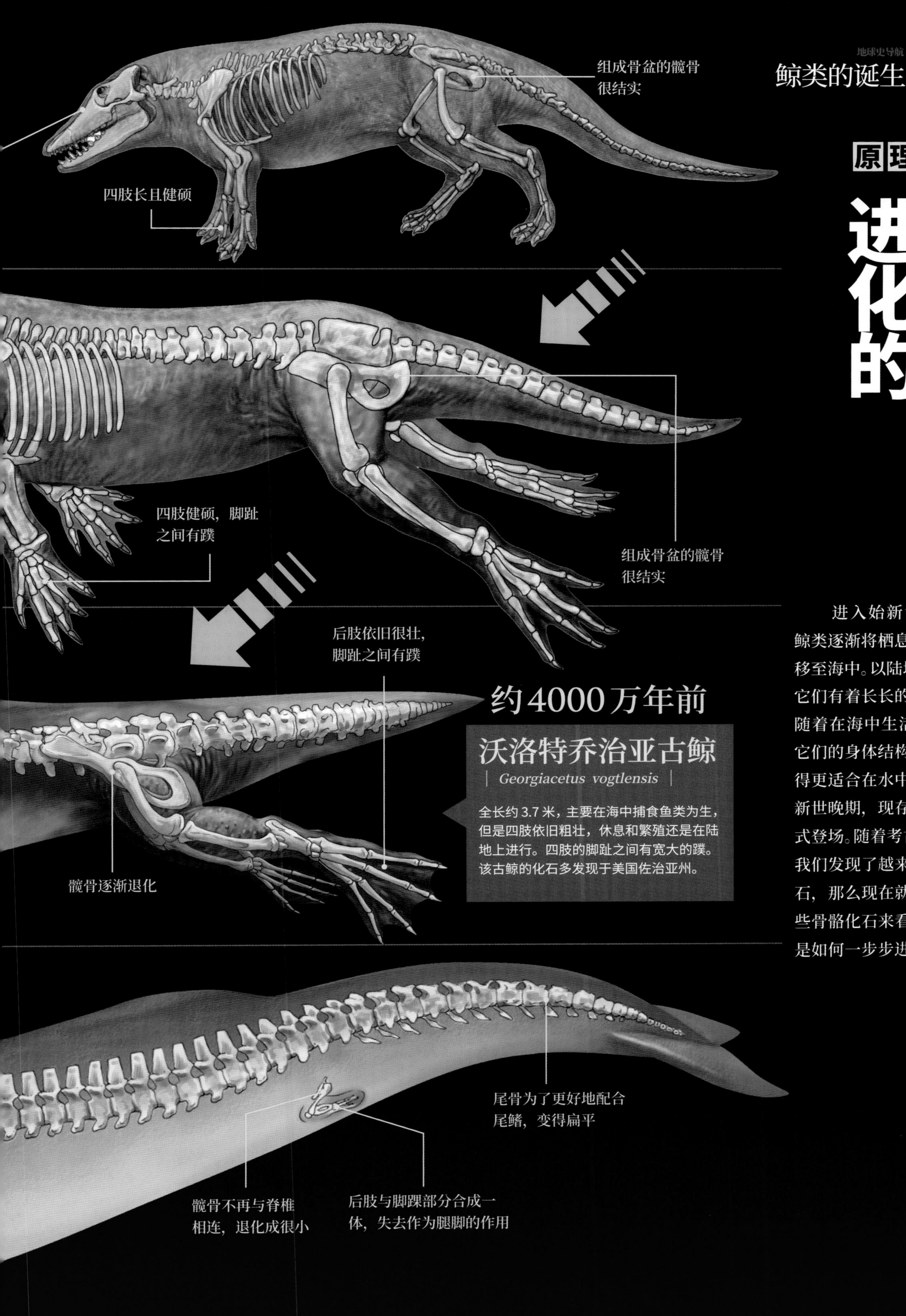
组成骨盆的髋骨很结实
四肢长且健硕
四肢健硕，脚趾之间有蹼
组成骨盆的髋骨很结实
后肢依旧很壮，脚趾之间有蹼
约4000万年前
沃洛特乔治亚古鲸
Georgiacetus vogtlensis
全长约3.7米，主要在海中捕食鱼类为生，但是四肢依旧粗壮，休息和繁殖还是在陆地上进行。四肢的脚趾之间有宽大的蹼。该古鲸的化石多发现于美国佐治亚州。
髋骨逐渐退化
尾骨为了更好地配合尾鳍，变得扁平
髋骨不再与脊椎相连，退化成很小
后肢与脚踝部分合成一体，失去作为腿脚的作用

南极大陆孤立

南极大陆上有长达 3300 千米的巨大山脉哟！

南极大陆孤立了 地球开始变冷

地球曾经如温室般温暖，繁茂的森林孕育了多种多样的生物。然而，在大约 3390 万年前，温暖的时代突然拉下帷幕。地球从『温室』变成『冰窖』，这到底是为什么？

包围南极大陆的洋流，引发地球急剧变冷

我们知道，南极大陆被狂暴的海洋包围，被冰与雪覆盖。然而事实上，这种形态的南极大陆在地球史上出现的时间很短。

大约 2 亿年前，恐龙在地球上出现，那时的地球简直就像温室一般暖和。

南极大陆纬度高，是地球上最寒冷的区域，但即使是在这里，蕨类植物也长得又高又密——在恐龙灭绝后，这片温暖的森林被哺乳类动物“继承”了。南极大陆与南美大陆、澳大利亚大陆接壤，各种各样的生物在这片超级大陆上来来往往。

然而，这种祥和的生活在大约 3390 万年前突然宣告终结。地球以飞快的速度开始变冷。“温室”突然且迅速地变成了“冰窖”。

而导致该剧变的核心原因，正在于南极大陆。因为板块运动，南极大陆与其他大陆分裂，同时引发了附近洋流的剧烈变化。新生成的洋流不但冰冻了南极大陆，也成了冰栋地球的先锋军。

那么，南极大陆孤立与地球整体变冷之间，到底有着怎样的因果关系？让我们通过大陆和洋流的变化过程来看一看吧。

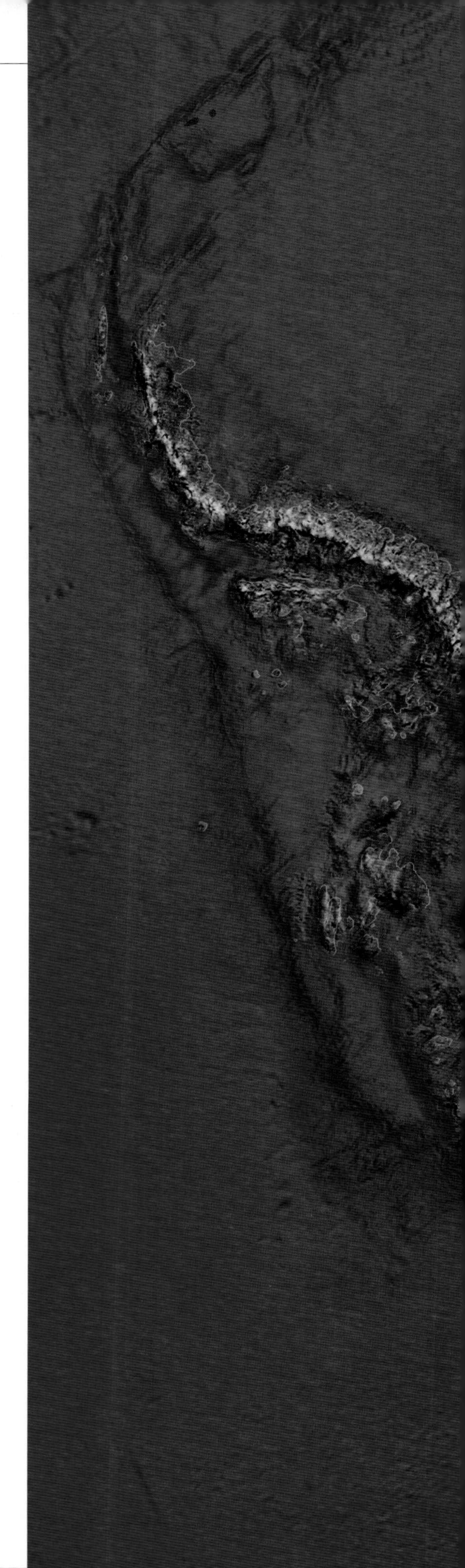

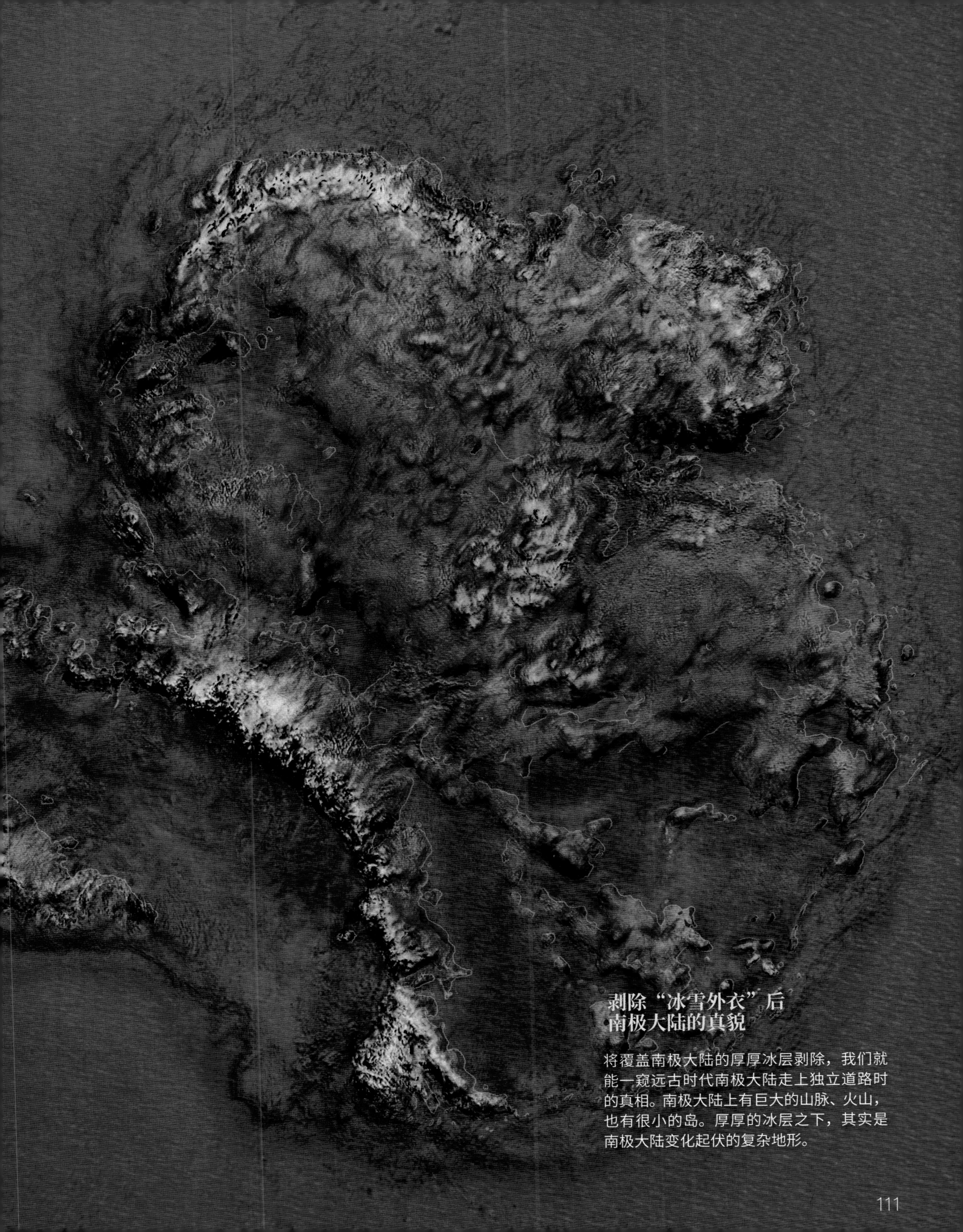

剥除“冰雪外衣”后南极大陆的真貌

将覆盖南极大陆的厚厚冰层剥除，我们就能一窥远古时代南极大陆走上独立道路时的真相。南极大陆上有巨大的山脉、火山，也有很小的岛。厚厚的冰层之下，其实是南极大陆变化起伏的复杂地形。

现在我们知道！

地球急速变冷 引发洋流变化

距今约 3390 万年前，地球突然变冷，这在整个地球史上都是非常罕见的剧变。

举例来说，在大约 4700 万年前，在今天的欧洲附近，冬天的平均气温高达 20 摄氏度。可以说，那时的地球是名副其实的温室。然而，到了大约 3000 万年前，该地区的平均气温下降至 5 摄氏度。在大约 1500 万年的时间里，平均气温竟然下降了 15 摄氏度，这速度可谓“急冷”，简直令人瞠目！

那么，导致这一剧变的源头是什么呢？学界认为，南极大陆板块的分裂正是这一切的导火线。

板块运动是地球变冷的导火线

在很久很久以前，地球上所有的大陆板块都聚集在一起，即“泛大陆”。南极大陆板块原本正是它的一部分。在大约 2 亿年前，受板块运动影响，泛大陆分为南北两个部分。南极大陆与澳大利亚大陆、南美大陆连在一起，向南移动。

地球从温暖变得寒冷，这一变化发生于约 3390 万年前。几乎在同一时间，南美大陆向北移动，与南极大陆、澳大利亚大陆分裂。后来，南极大陆与澳大利亚大陆被塔斯曼海隔开，南极大陆与南美大陆之间还生成了德雷克海峡。

在南极大陆孤立之前，附近流淌着从低纬度温暖海域输送过来的暖流，所以即使南极大陆身处极地地区，整体也是温暖的。这和现在的欧洲是同一个道理，虽处高纬度，但整体偏暖。

然而，随着塔斯曼海和德雷克海峡的产生，南极大陆成了完全孤立的板块。在这种环境以及西风带[注1]、地球自转的影响下，包裹整个南极大陆的巨大洋流——南极绕极流[注2]（又称南极环极流）就生成了。这一洋流，将之前南极附近温暖的洋流都赶得远远的。

因此，南极大陆再也无法从海洋获得热量补充，开始迅速变冷。大雪不间断地落下，陆地上的水都被冻住了，富饶的绿色大陆逐渐变成了白色大陆。

当南极大陆的地表被白色的雪和冰覆盖后，太阳光射下来就被直接反射回去，热量不能被吸收，又加速了寒冷化的进程。而反过来，当气温不断变低，被雪和冰覆盖的区域又会不断变大。如此不断循环往复，南极大陆上形成了一个“寒冷闭环”。

现在，让我们暂时把视线投回到当今地球上的海洋吧。

从深层暖流到深层寒流

从大约 3390 万年前开始的“冰窖时代”，一直延续至今。为什么这么久的时间过去，地球上依然如此寒冷呢？其主要的原因在于海底深处的寒流[注3]。它们在海底深处缓慢地运动，结结实实地影响着地球上的整个海洋体系，虽慢却广。

当表层的海水受冷空气影响，密度变大，就下沉至海洋深处，由此形成了寒冷的深层洋流。下沉后的海水沿着海底地形，像河流一样推进，逐

现在的南极大陆

被厚厚的冰层覆盖，几乎没有生物，这里是极寒之地——南极大陆。看着现在的南极，根本无法想象这里曾经草木茂盛，生活着许许多多的动物。

通过研究各种化石，我们可以了解南极大陆独立时的样子呢！

在南极大陆上挖掘出的落叶山毛榉化石

落叶山毛榉曾生长于南极大陆，但是它的化石也出现在澳大利亚大陆、南美大陆，说明这三个大陆曾经是连在一起的。

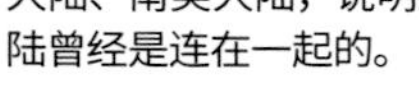

落叶山毛榉的现状

随着气候变冷，落叶山毛榉在南极大陆上已经不见踪迹，但其子子孙孙依旧分布在澳大利亚等南半球的土地上。左图为生长于南美洲阿根廷的落叶山毛榉。

4500 万年前—2303 万年前气温的变化

左图是对今欧洲中部地区冬天平均气温的还原表。从这张表上，我们可以看到气温从 20 摄氏度左右急速下降。

渐又攀升至表层，最后因为密度原因重新被最初的海水下沉点吸收回去。海洋中的水就像一台巨大的输送机，不断地在全世界范围内流动。

事实上，前面说到的深层洋流，在之前的地球温室时代，根本就是完全不同的模样。

在地球温室时代，低纬度的海水受热后水分蒸发，盐分浓度变大，海水密度随之增大，于是下沉至海洋深处，从而形成了那时候的深层洋流。也就是说，那时候的深层洋流也是温暖的，自始至终都是温暖的海水[注4]流淌在整个海洋体系中，源源不断地向地球提供热量。

可是在大约 3390 万年前，一直为整个地球提供热量的深层洋流突然间从暖流变成了寒

南极大陆孤立和洋流变迁

古新世
（6600万年前—5600万年前）

南极大陆、澳大利亚大陆、南美大陆在海脊作用下逐渐分离，但基本还是接壤，从低纬度过来的暖流一直推进至南极大陆沿岸，温暖着这片区域。

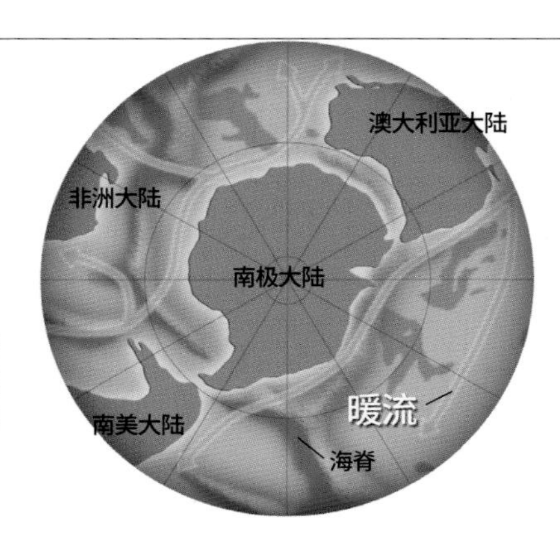

始新世
（5600万年前—3390万年前）

南极大陆与澳大利亚大陆被塔斯曼海隔开。在南极大陆沿岸生成了两个小的寒流闭环，暖流被排斥在外围，部分流入正打开的塔斯曼海中。

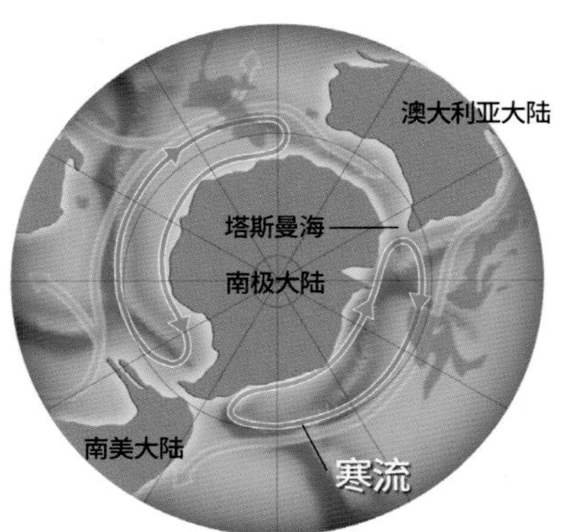

渐新世·中新世初
（3390万年前—1700万年前）

南极大陆与南美大陆之间生成德雷克海峡。太平洋与大西洋完全连通，在西风带和地球自转的影响下，包围整个南极大陆的南极绕极流形成。在绕极流作用下，暖流从此远离南极大陆，南极大陆不断变冷。

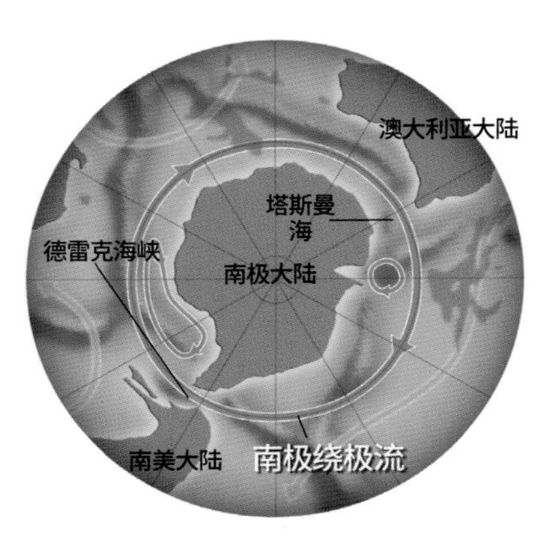

科学笔记

【西风带】 第112页 注1

指南纬20～60度上空由西向东吹的大规模风带。从南极大陆上空来看，该风带沿顺时针方向吹。在北纬20～60度上空，也有同样由西向东吹的西风带。它们对海水的流动有着巨大的影响。

【南极绕极流】 第112页 注2

指完全不受其他陆地板块影响，绕南极一周且与其他所有大洋相连通的洋流。它总长达25000千米，输送的海水量巨大（是黑潮海流的3倍），可以说是“世界上最强的海流”。

【寒流】 第112页 注3

如今的深层海水基本在0摄氏度左右，处于一个比较稳定的状态。

【温暖的海水】 第113页 注4

2亿年前至4000万年前，特提斯海正处于赤道上。据说那时海洋深处的水温高达15摄氏度左右。然而随着板块运动，特提斯海消失了，温暖的深层洋流也跟着消失了。

史上最大的企鹅，灭绝！

要说当今最大的企鹅，当属身长约 120 厘米的帝企鹅。然而，在地球整体温暖的 3700 万年前，南半球上竟然生活着一种巨大的企鹅，身高差不多与一个成年人相当。可是，在约 3400 万年前，全球变冷，它的身影在地球上完全消失了。这个时期，除了这种大型企鹅外，还有其他很多种企鹅也都灭绝了。据考证，这是因为它们无法适应剧变的气候。

剑喙企鹅曾生活在南极，是史上最大的企鹅。根据对其化石的研究，推测它的体重约 80 千克，身高约 165 厘米。

南极大陆孤立

南极大陆的孤立与南极绕极流的形成

并不是说只要大陆板块孤立，就会自动形成绕极流。而是说，因为在南极区域内大陆板块孤立，且同时存在“西风带”和“地球自转”这两大因素，才导致了南极绕极流的形成。

西风带和吹送流

受南极上空西风带的影响，海水也跟着顺时针流淌，从而形成了与西风带方向一致的“吹送流”

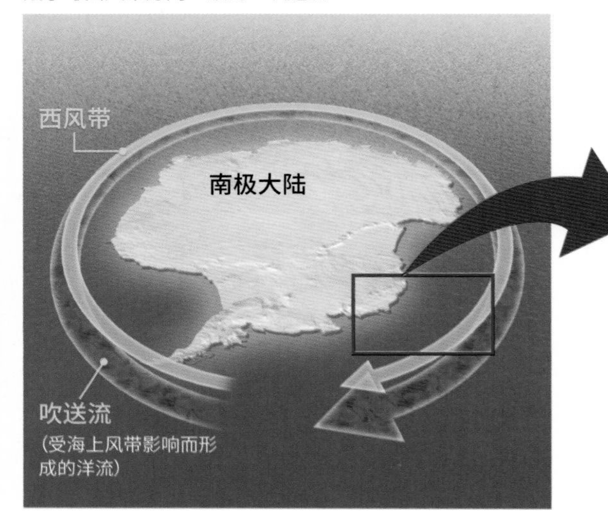

地球自转引发的科里奥利力[注1]与南极绕极流的关系

地球自转引发科里奥利力。在科里奥利力影响下，海水被推送至低纬度区域，一旦海面出现高度差，气压梯度力又会产生作用力。在气压梯度力与科里奥利力达到平衡的地方，就产生了地转流，即南极绕极流。

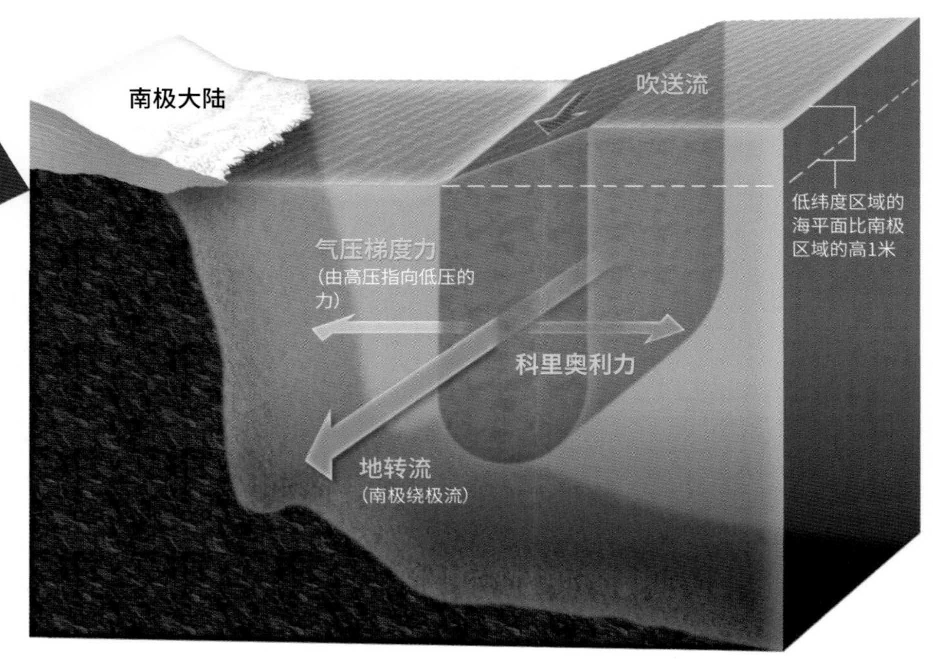

流，给地球带来了无尽的寒冷。究其原因，与板块分离、南极大陆孤立有着莫大的关系。受南极绕极流的影响，南极大陆本身变得寒冷无比，同时也使周边的海水跟着变冷，密度随之增大。于是，它 24 小时不间断地造出体量巨大的冰冷海水。

南极大陆孤立，单从它本身来看，只不过是地球上一个陆地板块的移动而已。但事实上，这件事是引发地球急剧变冷的导火线，以此为起点，地球重新构建了一个全新的寒冷气候体系，其影响一直持续至今。从这个意义上来说，它绝对是地球史上划时代的重大事件。

科学笔记

【科里奥利力】 第114页 注1

在地球表面进行长距离运动的气流、海水、飞机、轮船等，其行进轨迹较行进方向总会偏左或偏右。这是由地球自转导致的，我们将地球表面导致这一偏向的力称为“科里奥利力”。在北半球，行进轨迹较行进方向偏右；在南半球，行进轨迹较行进方向偏左。这种力也被称为“地转偏向力”。

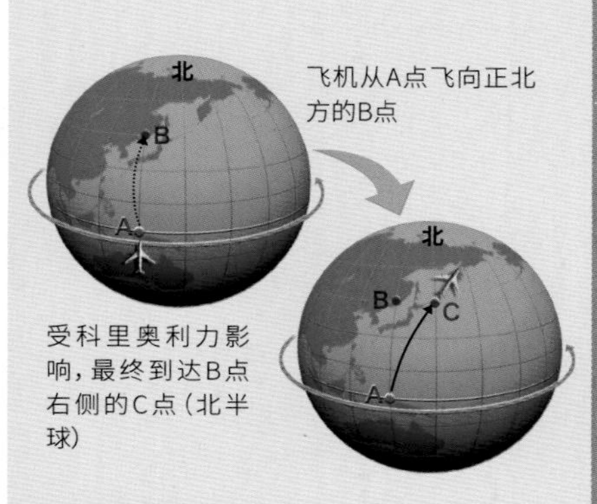

北
飞机从A点飞向正北方的B点
A
B
C
受科里奥利力影响，最终到达B点右侧的C点（北半球）

观点碰撞

仅凭南极大陆孤立这一要素，不能解释地球整体变冷吗？

在大约3390万年前，南极大陆孤立导致地球整体变冷，这一学说在20世纪70年代被提出，并被广泛接受。然而随着近些年深海钻探工程的推进、电脑模拟技术的增强等，科学家们逐渐发现，仅凭南极大陆孤立这一要素，不能完全解释地球为什么会在短时间内急剧变冷。另外，一直同时存在着其他学说，比如认为大气层中二氧化碳浓度的降低是引发地球变冷的主要原因，南极大陆的孤立发生在地球变冷之后等。那个时期，地球上到底发生了什么事情?至今还有许多未解开的谜题。

深海钻探船“乔迪斯·决心”号。随着深海钻探工程的推进，我们越来越接近当时气候剧变、板块移动的真相了

来自顾问的话

通过深海钻探工程，复原南冰洋的原始环境

复原的关键——岩芯

随着地球板块运动，大陆重组，洋流体系发生巨变，地球的整体气候随之改变。这一事件，是地球史上的重大剧变，被人们反复提及。学界普遍认为，南极大陆的孤立与南极绕极流的形成之间有着莫大关系，地球从“温室”变成“冰窖”，正是其中一个例子。

这一剧变被称为“Oi-1 事件”，研究原始气候、原始海洋变化的学者们一直对此投以巨大的研究热情。关于这一时期发生的事情，至今仍有许多未解之谜，世界各国以南冰洋为中心，展开了诸多的研究。

除了事件本身，近年也有许多学者从其他角度切入，将关注点投向“Oi-1 事件”发生前后时的地球环境。因为我们知道，当时大气中的二氧化碳浓度明显很高，而现今地球上的二氧化碳浓度也很高，发生在当时的气候剧变完全有可能成为现今地球温暖化的最终走向。

通过复原远古时期地球上的气候异变情况，从而预测地球未来的环境，这是目前许多科学家正在进行的研究，而站在这一研究最前沿的就是深海钻探工程。

要解开“Oi-1 事件”的真相，其中必不可少的就是南极周边大陆架或南冰洋里的连续柱状岩芯（从陆地或海底挖掘出的地质样本）。通过对挖掘出的岩芯中所含沉积物的化学成分、微化石群、同位素比值等进行细致的解析研究，就可以还原那个时代以碳元素为中心的物质循环系统、海洋环境变化的实况。

南极大陆到底是何时“热学独立”的（不是问塔斯曼海和德雷克海峡成立的时期，而是问使南极大陆“热学独立”成为可能的南极绕极流到底是何时产生的）？这又与地球整体变冷有着怎样的联系？解开这些谜题的关键，就藏在岩芯之中。

■从地层中挖掘出来的“岩芯”

照片（上）：正在南冰洋进行调研的钻探船船上现状

照片（左）：将挖掘出的圆柱状岩芯一分为二，一半用于解析研究，另一半冷藏于世界各地的保管点中。日本高知县有一个保管点——高知岩芯中心

■于罗斯海冰架下实施钻探的ANDRILL项目

设于冰架上的挖掘设备。从这里将钻井垂直伸下去，挖掘海底的地质材料。

发掘得越多，发现得越多

在深海钻探工程领域中，目前有两艘钻探船不断给出了傲人的成绩。一艘是日本的“地球号”，另一艘是美国的“乔迪斯·决心号”。我们这些原始海洋、原始环境研究学者参加了综合大洋钻探计划，坐上这些钻探船下至包括南冰洋在内的大洋底部，在世界各处挖掘地质材料。

除了上述的综合大洋钻探计划外，国际上还有南极钻探计划，主要是对钻探船无法靠近的南极罗斯海冰架下的沉积层进行挖掘。

我们探究的目标年代越古老，能挖掘到的地质材料越有限。目前，我们可以利用的海底岩芯，数量绝不能称多。

在今后几年到十年的时间里，以“乔迪斯·决心号”为载体的深海钻探项目会在南冰洋陆续实施。挖掘得越多，发现得越多，这就是深海钻探工程。它可能会不断带来新的研究成果，足以一次次改变教科书的写法哦！

池原实，1968 年生于日本长野县，毕业于日本金泽大学理学系，攻读东京大学理学研究生院研究科地质学专业，获得理学博士。其主要研究方向为通过海底沉积物解析气候变化，参加过以深海钻探工程为首的多种科学航海项目。著作《地球全史超级年表》（岩波书店出版，合著）。

随手词典

【死亡冰柱】
海水受冻结冰后，部分盐分高的海水在零下数十度的外界气温作用下一边结冰一边下沉，呈冰柱状直至海床，并沿海床继续向周围延展。

【深层水】
近些年市面上流通着一种被称为“海底深层水”的商品。这种商品是指水深≥200米的海水，与此处中提到的“深层水”是不同概念。此处讲的深层水流淌于水深≥1000米的海域。

循环一周需要1000多年

深层洋流最早在北大西洋和南冰洋下沉，根据最新的调查，我们发现这两处的深层水是在100～200年前下沉的“年轻水”；深层洋流最终在北太平洋结束，我们发现这里的深层水是在1000多年前下沉的“老年水”。“海洋输送机”性格懒散，在大洋中循环一周需要1000～2000年。

从各大海域采集深层水，通过检测放射性碳元素推断其所属年代。

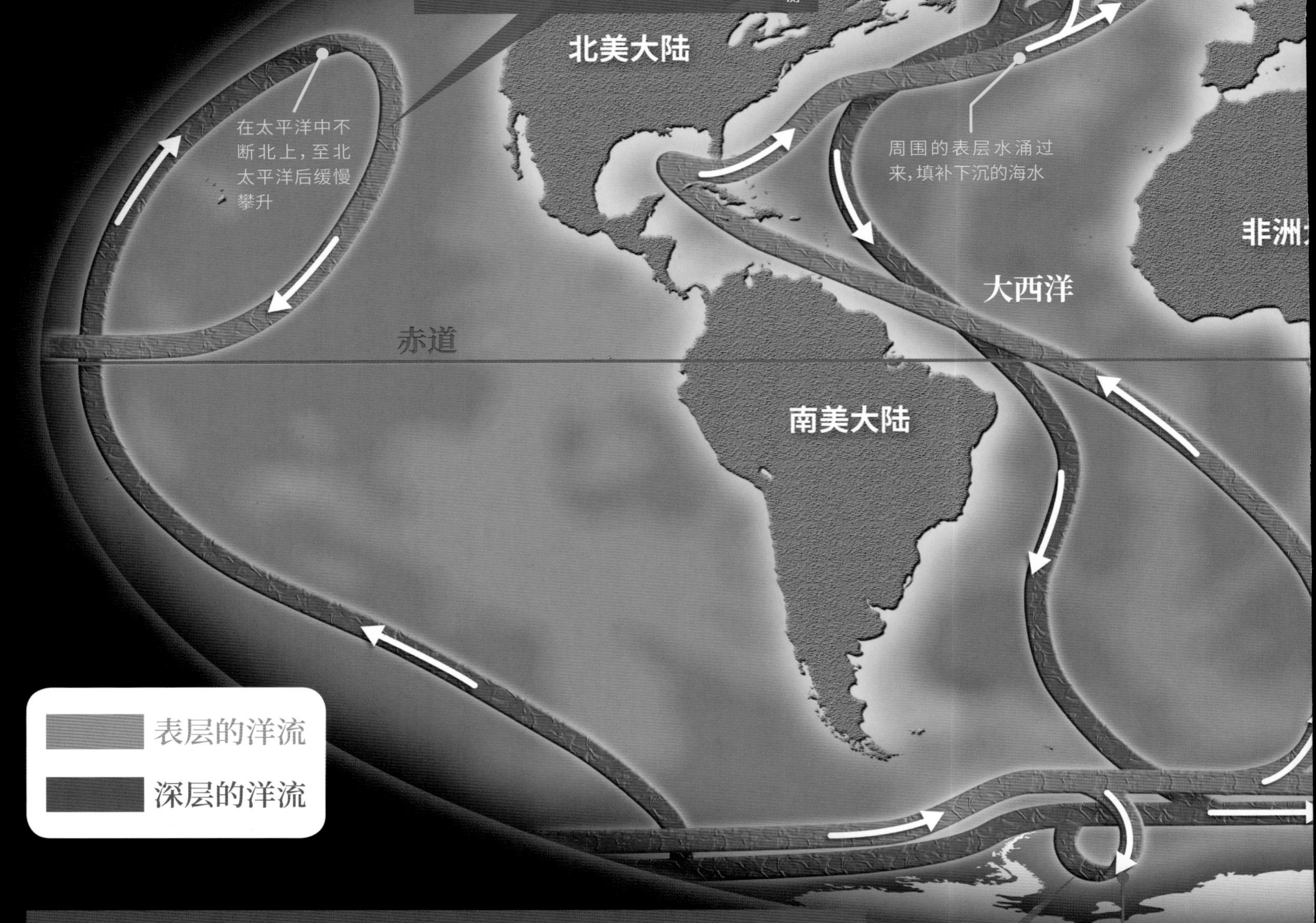

海水下沉

北大西洋中受冷变重的海水向海洋深处沉下去

挪威海

格陵兰岛

北美大陆

在太平洋中不断北上，至北太平洋后缓慢攀升

周围的表层水涌过来，填补下沉的海水

非洲大

大西洋

赤道

南美大陆

表层的洋流

深层的洋流

世界上最冷最重的“南极底层水”

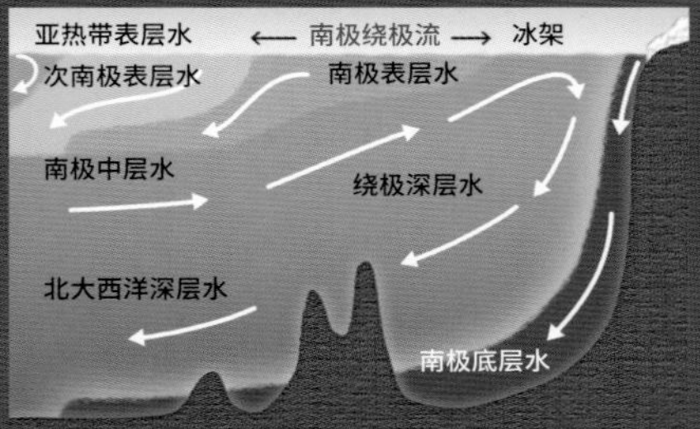

在南冰洋下沉的海水，比在北大西洋下沉并流淌于海底深处的海水温度还要低，盐分还要高。这一密度极高的南冰洋深层水沉到北大西洋深层水的下方，并缓慢地潜入大西洋、印度洋、太平洋的底层。因为南极海底层水富含各种营养物质，它在各大海域流淌时，为各种海洋生物带来生存的养分，可以说是它们的“母亲水”。

亚热带表层水 ⟵ 南极绕极流 ⟶ 冰架

次南极表层水

南极表层水

南极中层水

绕极深层水

北大西洋深层水

南极底层水

海水下沉

南极大陆周边，低温海水大量下沉

沿着海床袭击海星的冰

在极度寒冷的南冰洋，海水表面会受冻形成一层浮冰。一般来说，受冻结冰仅在表层，影响不会蔓延至海中。然而，在南极大陆的沿岸，陆地上的低温通过地基直接传导至海床上，使得与海床接触的海水也结冰冻住。这种冰被称为“底冰”或“锚冰”。除此之外，在南冰洋还有一种相似的自然现象，叫“死亡冰柱”，指的是从冰层垂直向海底蔓延出的一条条冰柱。

底冰从大陆沿岸蔓延至海床上，行动迟缓的海胆、海星等生物无法逃离它的魔爪，被永远地禁锢在了海底冰层中

原理揭秘

促使全球变冷的深层洋流的走向

欧亚大陆
太平洋
沿着海床不断北上，逐渐到达海水表层
印度洋
从太平洋来的表层洋流与从印度洋来的表层洋流合并后向西行进
澳大利亚大陆
南极大陆

伴随南极大陆孤立而产生的深层洋流，至今依旧流淌在世界各地的海洋中，源源不断地将寒冷运送到各个地方，使地球一直保持如今的低温状态。可以想象，一旦有一天因为某种原因，这个地球上的“海洋输送机”发生了延误或罢工，那么毫无疑问，地球上的气候会发生巨大的改变。

洋流的流动方式会因海底地形变化等因素，在不同的时代发生不同的变化。不过在此我们暂且不去计较这些，先对深层洋流生成至今的大致轨迹进行追踪观测。好了，一起来看一下吧。

海洋输送机的原动力是“热量”和“盐分”

海水的温度越低，密度越大；盐分越高，密度越大。密度大的海水沉入海洋深处，而周围的表层水会涌过来进行填补，这样，洋流大循环就开始了。也就是说，“热量与盐分的不均衡”是这个循环产生和运行的原动力。因此，该循环被称为“热盐循环”。

渐新世哺乳类的进化

哺乳类的进化进入全新局面

新生代又被称为『哺乳类的时代』。它拉开帷幕后，又过了3210万年，进入渐新世。在此之前哺乳类以破竹之势不断进化，然而到了此时，速度也逐渐变缓。哺乳类的进化到了一个新的历史阶段。

原地踏步的北半球
独自前行的南半球

自从恐龙从地球上消失，继承它们曾经的生活环境并迅速繁荣的，正是哺乳类动物。

哺乳类向陆上、空中、海洋、湖泊全面进攻，简直就像要彻底瓜分恐龙曾经的国土一般。在此之前从未有过的哺乳类种群不断登上历史舞台，出现了一个个新的“目”，一个个新的“科”。在恐龙灭绝之后，哺乳类以迅猛的态势不断向各种各样的环境发起总攻。

然而在3390万年前，也就是进入渐新世后，这个速度明显变缓。新的“目”基本上没有再出现，之前不断增长的“科”的数量反而减少。在这个时期，哺乳类看上去似乎有些裹足不前。

事实上，在大陆基本连成一块的北半球确实存在这种现象，可是在南半球就不一定了。随着地球板块的漂移，南半球上的大陆分裂成几个，而在各个大陆上，哺乳类正以各自的方式进化着。也就是说，在渐新世时期，哺乳类在南北半球上的进化程度是不一样的。以前我们很少关注这一时期地球上哺乳类的进化进程，现在，就让我们仔细地来看一看吧。

虽然没有角，但很明显是犀牛一族嘛！

史上最大的陆生哺乳类动物
无角巨犀

肩高约 4.5 米，推测其体积是现存非洲象的 1.5 倍左右，体重是 3 ～ 4 倍。众多哺乳类向各种方向进化，其中一部分奇蹄目的身形变大，到了渐新世时期变得最大。

无角巨犀的骨骼标本

无角巨犀的化石多发现于哈萨克斯坦、蒙古。与庞大的身躯相比，它的四肢修长，学界推测其跑动速度应该很快。

现在我们知道！

北半球和南半球进化格局很不同

进入渐新世（3390 万年前—2303 万年前）后，哺乳类动物的进化速度明显变缓。那么，在当时的哺乳类中，到底发生了什么事情呢？

有一点是可以肯定的。在此之前，哺乳类的生活领域已经扩张到了陆地上、树上、空中、水中等，地球上已经没有多少小生境注1供它们进行新的扩张了。与此同时，南极大陆孤立，地球整体气候急速变冷，这也在一定程度上导致了哺乳类进化速度变缓。当覆盖陆地表面大部分的温带森林数量减少后，栖息于此的哺乳类就变得更难以生存了。

然而，虽说多样化进程的速度确实放缓了，可并没有完全停止，它一直在稳步地推进着。正如“渐新世”的“渐”字所示，这个时期的进化脚步是“逐渐、一点一点”的。

在南半球的孤岛大陆上开启独特的进化道路

前面说到的哺乳类进化，主要都发生在北半球。那么，在南半球上又有着怎样的故事呢？让我们稍微倒一下时间，追本溯源去看一下吧。

哺乳类从出现之初，就一直在唯一的超级大陆——泛大陆上生活、进化。然而在大约 1 亿 7000 万年前，泛大陆开始不断分裂，到渐新世时期，南半球上的非洲大陆、澳大利亚大陆、南极大陆等基本上已经完全孤立，它们成了“孤岛大陆”。于是，生活在各大陆上的动物再也不能自由地洲际迁徙，它们被迫过上了孤岛大陆的生活。

也正是从这个时候开始，南半球上的哺乳类开始了与北半球上的哺乳类不同的进化道路。这一情况，被渐新世时期的化石忠实地记录了下来。下面，就让我们以南美大陆为例，仔细地来看一下吧。

南美特有的两个种群胜负已决

作为南美洲哺乳类动物代表之一，犰狳的祖先榜上有名。它的进化战术是生成骨骼质“盔甲”覆盖全身，这一独特的自我保护策略帮助它走出了独树一帜的进化道路。

原来板块漂移才是关键呢！

以犰狳为首，包括树懒、食蚁兽等在内的异关节目注2动物，即使在现在，仍是南美洲上独特的哺乳类。其中，犰狳甚至繁衍至北美洲大陆，不可谓不勇猛也。

与异关节目动物形成鲜明对比的，是一部分植食性“南方有蹄目注3”动物。后者采取了和北半球上的动物完全一致的进化道路，结果却惨遭灭绝。令人不可思议的是，我们发现南方有蹄目动物的外表与马、犀牛、大象的祖先或多或少都有相似之处，而这些动物都是生活在北半球上的植食性哺乳动物。

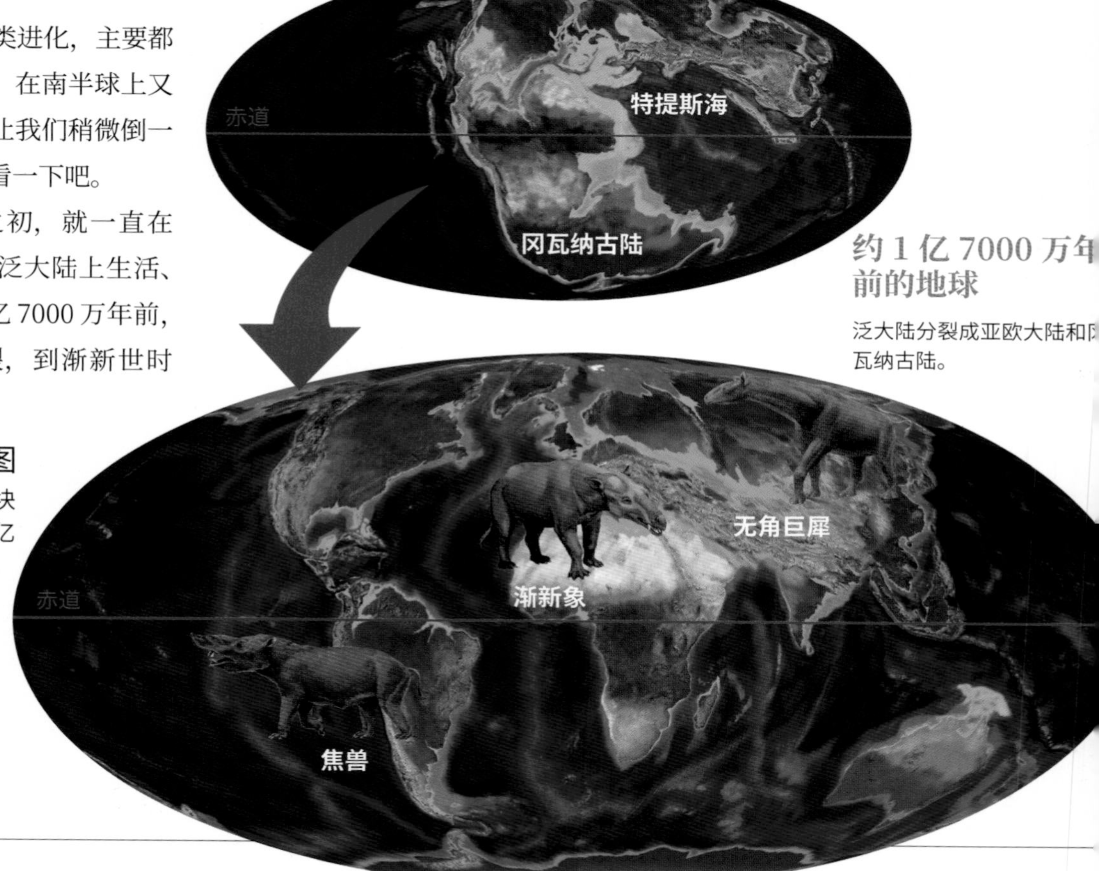

约 1 亿 7000 万年前的地球

泛大陆分裂成亚欧大陆和冈瓦纳古陆。

泛大陆分裂后的陆地板块分布图

在大约 3 亿年前的石炭纪，地球上的陆地板块聚集在一起，形成泛大陆。然后在大约 1 亿 7000 万年前的侏罗纪，泛大陆开始分裂。

渐新世中期（约 3000 万年前）的地球

南半球上，非洲大陆、南美大陆、南极大陆、澳大利亚大陆分别独立，各自成为“孤岛大陆”。而北美大陆上的动物在泛大陆分裂后，依旧在北美大陆和欧亚大陆之间进行洲际迁徙。

在南美大陆上独自进化的哺乳类

身处孤岛大陆，生物无法进行洲际迁徙，不得不走出独属于该大陆的进化之路。下面让我们一起来看一看南美大陆上特有的哺乳类——异关节目动物和南方有蹄目动物吧。

渐新世晚期
焦兽
Pyrotherium
全长（不算尾巴）约 3 米，有着长长的鼻子和从上颚长出的獠牙。外表与生活在地球另一边北半球上的原始象相似，但其实两者分属于完全不同的生物系统。

始新世晚期—渐新世早期
渐新象
Phiomia
生活在北半球上的原始象。它与焦兽一样，有着长长的鼻子和从上颚长出的獠牙。

渐新世晚期—中新世早期
角犰狳
Peltephilus
角犰狳身披盔甲，属于异关节目中的带甲目。全长（不算尾巴）约 50 厘米，拥有似犬牙的牙齿，推测它是肉食性动物或腐食性动物。

角犰狳的头骨化石
在鼻子上有一对小小的角。也有人推测可能还有另外一对角。该照片为复制品。

中新世早期至中期
远古戴甲兽
Propalaeohoplophorus
全长 1～1.5 米。中新世以后，一部分带甲目动物的体型逐渐变大，及至上新世，甚至出现了全长达 4 米的品种。

比如说，焦兽。焦兽是生活于渐新世晚期的南方有蹄目动物，它与北半球上的渐新象有着极为相似的长鼻子和獠牙，后者是生活于渐新世早期的原始象。焦兽和渐新象从外表来看似乎是同一种群，但是在生物分类学上，它们分属于完全不同的体系。那么，生活于不同时期、不同半球的两者为何在外表上如此类似？这是因为它们生活在同样的生态系统中，进化出了拥有同样功能的器官，即"趋同进化"。

时光继续流逝，在大约 300 万年前，南北美洲连在了一起，北美洲上的哺乳动物涌入南美洲。南方有蹄目在这场生存争夺战中败北，终至灭绝。

如上所述，板块漂移大陆分裂，一方面直接引发了哺乳类动物进化方式和速度的多样化，另一方面成为地球整体变冷的导火线，迫使哺乳类动物经历了更为严苛的生存考验，优胜劣汰，完成蜕变。可以说，哺乳类动物的进化背后，总是地球板块漂移这一巨大的自然力量在发挥作用。

近距直击

长期"空白"的南美大陆

在北美大陆上，人们很早就发现了多种哺乳类动物的化石并展开研究，然而南美大陆在很长一段时间内一直是一片未开垦的处女地。

一举改变这种状况的是考古生物学家乔治·盖洛德·辛普森。乔治是美国自然史博物馆负责脊椎动物古生物化石的学者。1930 年，他两度主持开发南美洲巴塔哥尼亚地区，发现了众多哺乳类动物的化石。南美洲哺乳类动物化石研究的基础，正是在这个时候打下的。

栖息于巴塔哥尼亚地区的南美野生羊驼。它是南美洲特有哺乳类的代表选手之一

科学笔记

【小生境】 第120页 注1
生物在各个生态系统中，扮演某种角色，起到某种作用（比如：白天在地上吃草，夜晚捕食草食性动物，在树上吃果实，在空中吃虫子，等等），这种生态地位被称为小生境。一旦某种生物占据了这个小生境，其他生物就无法再染指。

【异关节目】 第120页 注2
异关节目动物的腰椎上有着其他哺乳类动物没有的附加关节，故而得名，又叫"贫齿目"。它是南美大陆上特有的哺乳类种群，分为"带甲目"和"披毛目"。前者以全身覆盖骨质"铠甲"的犰狳为代表，后者以全身覆盖刚毛的树懒和食蚁兽为代表。

【南方有蹄目】 第120页 注3
南美洲上特有的植食性哺乳动物。其外表多与北半球上的马、犀牛、骆驼、大象或者上述几种动物糅合后的长相相似。官方又称"南蹄目"。

地球
博物志

深海生物

| *Deep-Sea Creatures* |

在黑暗与高水压中生存

当今地球上各大海洋的平均水深在3800米左右，刚好可以完整地垂直容纳一座富士山。所谓深海，一般指水深≥200米的水域，占整个海洋体系的97%。这里几乎照射不到阳光，水压大得骇人，食物也非常少，然而依旧生活着许多生物。这些生物与栖息环境斗智斗勇，采取了各种措施展开生存保卫战。

海洋的垂向分层

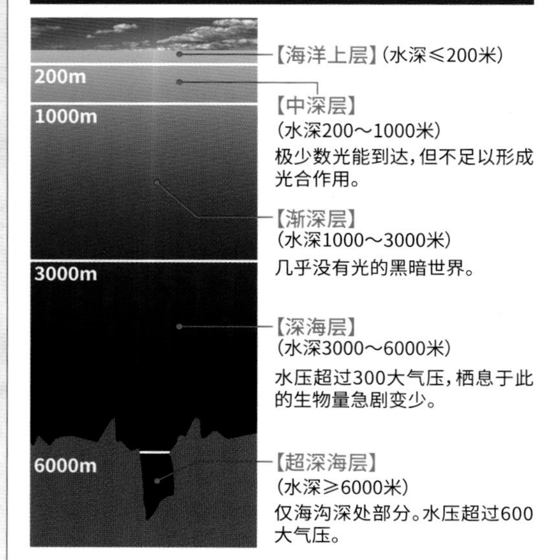
200m
1000m
3000m
6000m
【海洋上层】（水深≤200米）
【中深层】
（水深200～1000米）
极少数光能到达，但不足以形成光合作用。
【渐深层】
（水深1000～3000米）
几乎没有光的黑暗世界。
【深海层】
（水深3000～6000米）
水压超过300大气压，栖息于此的生物量急剧变少。
【超深海层】
（水深≥6000米）
仅海沟深处部分。水压超过600大气压。

【梦海鼠】

| *Enypniastes eximia* |

梦海鼠是一种深海游泳海参。虽然从本质上来说，它只不过是从浅海转战到了海底的海参，但是它能够灵巧地使身体从海床上腾起，随水流漂移，有时还会驱动由足部特化来的伞状管足，优雅地拍水游泳。在生物极少的海底世界，比起到处寻找食物的鱼类，将海床上的有机物连同泥沙一起吃下去的海参家族明显更加繁荣。

数据	
所属	海参纲平足目
全长	20～25厘米
栖息环境	水深400～5500米处（海洋中层～海洋深层）

【短脚双眼钩虾】

| *Hirondellea gigas* |

因生活在完全没有光的世界中，眼部退化。它是生活在海底最深处的生物之一，甚至在地表最深处的马里亚纳海沟挑战者深渊都有它的身影。它通常一边在海中游泳，一边捕食从上方掉落的生物遗骸。然而事实上，生物遗骸非常偶尔才会掉落至海底最深处，因此，它也会吃沉木等有机物。

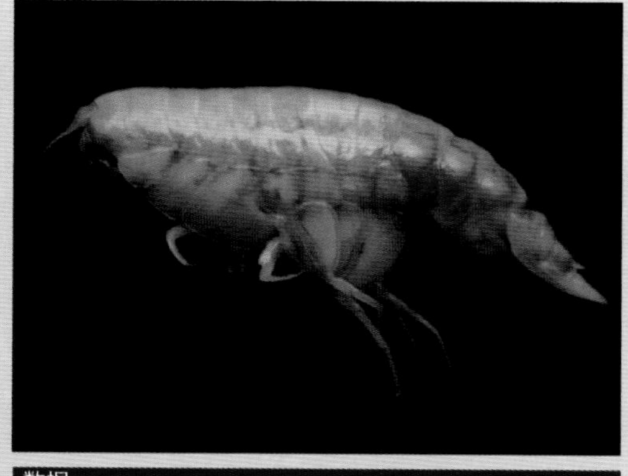

数据	
所属	甲壳纲端足目
全长	3～5厘米
栖息环境	6000～10920米处（海洋超深层）

【大王鱿】

| *Architeuthis dux* |

又叫“巨乌贼”，是世界上最大的鱿鱼种类。据说它是北海巨妖“克拉肯”的原型，击沉过往船只，捕食水手，是传说中超级恐怖的怪物。巨乌贼的2根触腕极长，吸盘的直径达5厘米以上。它的眼睛直径有25厘米，是整个生物界中最大的。多亏了这对巨眼，它可以捕捉到非常微弱的光，以此捕食猎物。它的天敌是潜入深海捕食的抹香鲸。

“克拉肯”是主要在北欧地区流传的海洋怪物，一般被描绘成巨大的鱿鱼或章鱼

数据	
所属	头足纲管鱿目
全长	最长达18米左右 ※日本小笠原诸岛附近的大王鱿一般长数米，最大的达到5米
栖息环境	水深600～1000米处（海洋中层）

近距直击

海底深处的“降雪”

这些“雪”的真身是在海水中缓慢下沉的浮游生物等的尸体。在一片黑暗的海底深处，像雪花一样小小的、白色的物体一点点飘落下来，像下雪一样，因此这种现象称为“海雪”。对于深海生物来说，海雪是极为珍贵的营养来源。

【剑吻鲨】

| *Mitsukurina owstoni* |

深海中生活着各种各样的鲨鱼，从身形的奇异来说，剑吻鲨可算得上其中的佼佼者。其嘴巴上部的长吻可以感应到其他生物身上微弱的电流，从而寻找到掩藏于岩石、砂石间的猎物。猎食时，它的上颌以极快的速度猛地窜出，迅速捕获猎物。因此，它在英语中又被称为“Goblin Shark（魔鬼鲨）”。在日本近海，经常能看到它的身影。

数据	
所属	软骨鱼纲鼠鲨目
全长	3～5米
栖息环境	30～1300米处（海洋上层至海洋深层）

上颌平时收于口中（如左图），猎食时向外迅猛窜出（如右图）

【黑足】

| 未记载 |

深海底部的岩壁裂缝间有时会喷发出富含金属、硫化氢的热液（即“黑烟”），黑足就紧紧依附于这些岩壁生活，是一种贝类。随黑烟一起喷出的有许多硫化物，黑足以此为基础，在体内共生细菌的作用下，生出一层乌黑的鳞片牢牢覆盖住足部。这是世界上唯一由硫化铁组成身体一部分的生物。

数据	
所属	腹足纲
全长	4～5厘米
栖息环境	约2400米处（海洋深层）

2009年，科学家曾发现了一只身上没有覆盖硫化铁的白足

【巨型深海大虱】

| *Bathynomus giganteus* |

又叫“大王具足虫”，与生活在地面的球潮虫同属于等足目。它喜静不好动，通过驱动7对关节肢行走，还可以通过驱动尾部的板状关节肢在水中游泳。它属于肉食性动物，主要食用海洋生物的尸体，是“深海中的清洁工”。因为深海中食物经常匮乏，所以它进化得可以忍受长期的饥饿。

数据	
所属	软甲纲等足目
全长	35～45厘米
栖息环境	水深数百米至2000米处（海洋中层至海洋深层）

科技发现

日本的骄傲——“深海6500”号载人潜水器

“深海6500”号载人潜水器由日本海洋科学技术中心研发，可以下潜至水深6500米的海域。该潜水器配备了人造手臂（机械臂），搭载了扫除枪（一种类似于吸尘器、可以将海水和生物一起吸入的器械）等特殊装备。它被用来探查深海生物、热液喷出孔、海底地质等，取得了许多卓越的成绩。

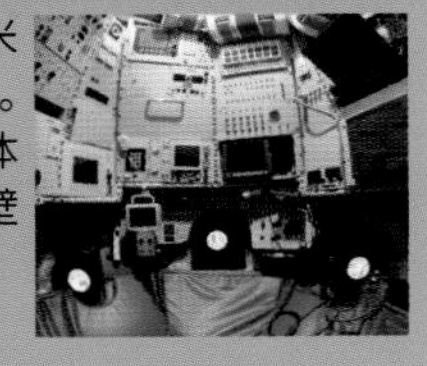

船舱内有一个直径2米的载人球体（即耐压仓）。下潜后，人就坐在球体中的驾驶座上。球体壁厚超7厘米

【树须鱼】

| *Linophryne* sp. |

头部和下颚处有突起可以发光，以此吸引并猎食深海中的小鱼。它头部的发光器借助了共生细菌的作用，颌部的发光器则全靠自己。在深海中，它很少能碰到同类。为了提高繁殖效率，雄性树须鱼一旦发现雌性树须鱼，就会牢牢咬住，至死方休。

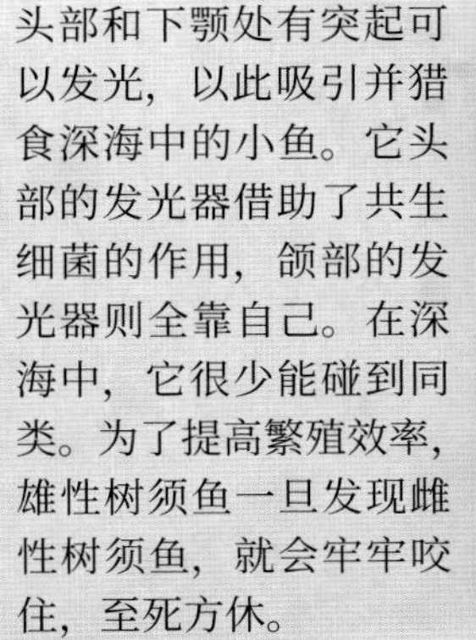

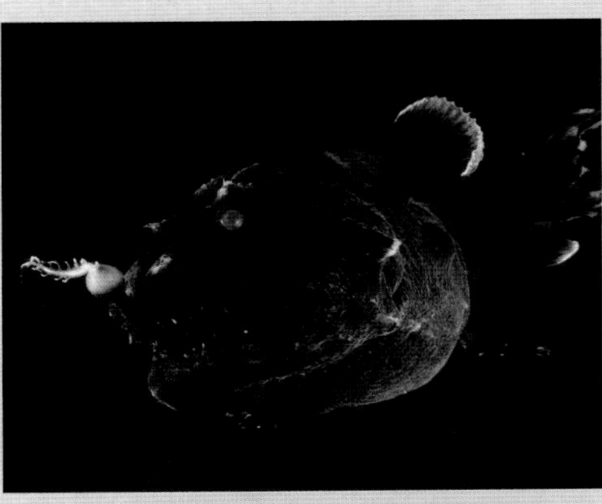

数据	
所属	硬骨鱼纲鮟鱇目
全长	20厘米
栖息环境	水深约1000米处（海洋中层）

独一无二的“进化实验室”，最为人称道的生态系统

加拉帕戈斯群岛

加拉帕戈斯群岛由约 120 个岛屿组成，在距离南美大陆约 960 千米的大洋彼岸，位于太平洋东部的赤道上。这是一群与世隔绝的孤立岛屿，岛上不存在大型哺乳类，没有了天敌的爬行类和鸟类在各个岛屿上进行着属于自己的进化之路。这里又被称为“进化实验室”，岛上生活着许多独特的动物，对写出惊天著作《物种起源》的达尔文产生了巨大的影响。

生活在加拉帕戈斯群岛上“愉快的小伙伴们”

海鬣蜥

作为一种鬣蜥，它已经很好地适应了拥有丰富食物资源的水中生活。它是唯一可以在海中潜水的鬣蜥种类，一次可潜 1 个小时。

加拉帕戈斯企鹅

唯一生活在赤道区域的企鹅种类，身材娇小，高约 50 厘米。据考证，它应该是顺着寒流到达加拉帕戈斯群岛的。

蓝脚鲣鸟

如其名所示，这种鲣鸟最令人印象深刻的就是一对蓝色的脚蹼。到了发情季节，雄性会不停地高抬大脚，摆出可爱的求偶姿态来吸引雌性，为人津津乐道。

加拉帕戈斯群岛海狮

生活在有着岩岸的岛上，海狮科，毛皮海狮属。与加利福尼亚海狮是近亲，推测它是从北半球渡水而来的。

伊莎贝拉岛阿尔塞多火山
巨大的破火山口与加拉帕戈斯象龟

加拉帕戈斯群岛是因海底火山爆发而形成的火山群岛，其中伊莎贝拉岛是群岛上体积最大同时也是最年轻的岛，现在岛上的火山依然很活跃。加拉帕戈斯象龟是群岛的象征，体重达 250 千克，是世界上最大的一种陆龟。它们为了适应环境的变化而不断进化，现存有 11 个亚种。

神秘欧帕兹：南极州古地图之谜

南极大陆到底是何时被发现的？

据传日本圣德太子（574—622）的心爱之物中有一个地球仪，上面记载了形似南极大陆的陆地。在16世纪的奥斯曼帝国的地图中，也有类似南极大陆的区域。然而事实上，这片大陆是在1820年左右才被发现的。

欧帕兹的英文为“Out-of-place Artifacts”，略称“OOPArt”，是指在不应该出现的地方出土的加工品，也就是说“与那个时代的文明不相符合的遗物”。

说到欧帕兹，其中之一就是“圣德太子的地球仪”。该地球仪收藏于日本兵库县揖保郡太子町的斑鸠寺内。据说斑鸠寺是606年由圣德太子下令所建，是一座名副其实的古刹。地球仪大小同垒球，上面浮雕了欧亚大陆、南美大陆、北美大陆、非洲大陆，以及一块形似南极大陆的陆地。从外表来说，确实是个像模像样的地球仪。

据斑鸠寺代代相传，这个地球仪应该是圣德太子亲手制作的。在记录圣德太子心爱宝物的《斑鸠寺常什物帐》中，有一项叫“地中石”。

然而，通过现代科学手段对该地球仪的成分进行解析后，发现“圣德太子的地球仪”是由石灰、海藻浆糊等组成的。海藻浆糊据考证是江户时期（1603—1868）的产物。圣德太子生活于比江户时代早很久的飞鸟时代，所以很遗憾，这个地球仪并不是当时的欧帕兹。

那么，到底是谁把这个地球仪带到斑鸠寺的呢？

仔细观察，在南极大陆的位置上，我们可以隐约看到几个汉字——墨瓦腊泥加。墨瓦腊泥加是拉丁语“Magallanica”的音译。

克罗狄斯·托勒玫
（83—约168年）

主要著作有论证地心说的《天文学大成》。作为天文学家、数学家、地理学家、占星家，都很有名。地理学著作《地理学》甚至对15世纪哥伦布环海旅行都产生了影响。

谜之大陆“未知的南方大陆”到底是什么？

古希腊时期有传言说南方的尽头存在着超级大陆，这个词就是从这里来的。

为什么要假设存在未知的大陆呢？这是因为当时的学界存在一种说法，认为南半球上应该也存在大陆，这样才能和北半球保持平衡，地球整体才能保持稳定。2世纪活跃在埃及亚历山大的大学问家克罗狄斯·托勒玫也认为“地球上的板块是对称存在的”。

时光流逝，到了中国明朝时期，当时的百科大辞典《三才图会》收录了一张名为“山海舆地全图”的世界地图。这张地图在形似南极大陆的陆地上标注了“墨瓦腊泥加”几个字，陆地整体的布局也与“圣德太子的地球仪”非常相像。

在江户时代中期的1712年，日本人以中国的《三才图会》为范本，制作了日本的第一部百科大辞典《和汉三才图会》，里面也收录了这张世界地图。那么，会不会是《和汉三才图会》的编撰者制作了“圣德太子的地球仪”并进献给了斑鸠寺呢？有人是这样推测的，但真相究竟如何，无人得知。或许，整个事件背后确实隐藏着什么不为人知的秘密也说不定呢。

想象力的杰作——皮瑞·雷斯地图

作为欧帕兹在全世界范围内最有名的古地图，当属1513年制作的皮瑞·雷斯地图。

皮瑞·雷斯地图绘于羊皮卷上，藏于土耳其伊斯坦布尔的托普卡珀宫内，作于热衷扩张奥斯曼帝国领土的谢里姆一世（1512—1520在位）时期，是时任帝国海军上将皮瑞绘制的。在哥伦布首次到达美洲大陆后不到21年的时间里，人们已经对南美大陆的沿海岸有了非常详实的认识。作为记载这一伟大史实的资料，皮瑞·雷斯地图有着无比珍贵的历史意义。

以上是这张地图作为史料的价值，然而在1956年，时任美国海军上校的马拉里在彻底分析这张地图的时候，发现了更加了

1929年于托普卡珀宫发现的皮瑞·雷斯地图，纵长90厘米，横宽60厘米。地图右侧是伊比利亚半岛和非洲大陆，中间是大西洋，左侧是南北美洲。那么，南美洲以南刻画的究竟是不是南极大陆呢？

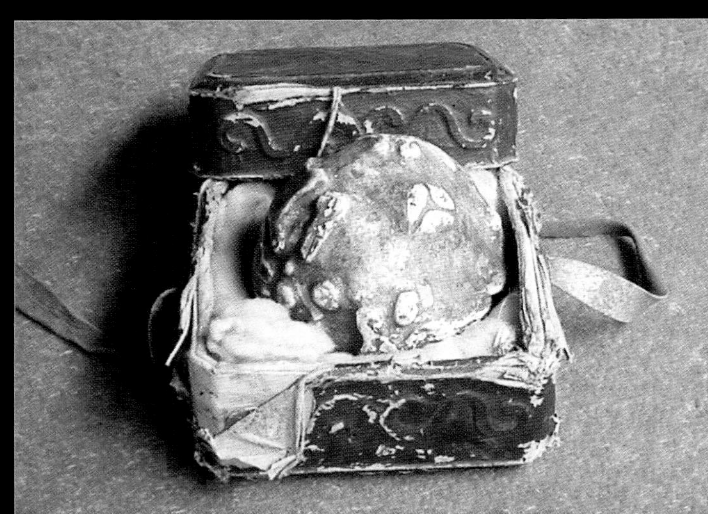

珍藏于兵库县斑鸠寺（又名法隆寺）的“圣德太子的地球仪”，以石灰技法制作而成的可能性很高。那么，它又为何仍被载入圣德太子心爱宝物的名录中呢？其原因至今成谜。

在用来测定经度的精密航海天文钟发明前200年，人们就已经可以准确测量经度，并且在世界地图的南端，将南极大陆的海岸线具体地勾画出来了！

学界普遍认为，南极大陆是在1820年左右被发现的。在此之前，人们虽然假想存在着“未知的南方大陆”，但是一直不曾确定，而这张世界地图推翻了之前的想法。更令人吃惊的，是地图上所勾画的海岸线轮廓——因为在1949年之前，南极大陆的土地一直深深地掩藏于冰层之下，人们甚至都不知道它的存在。后来，美国的地质学家查尔斯·哈普古德也赞同了马拉里上校的发现。

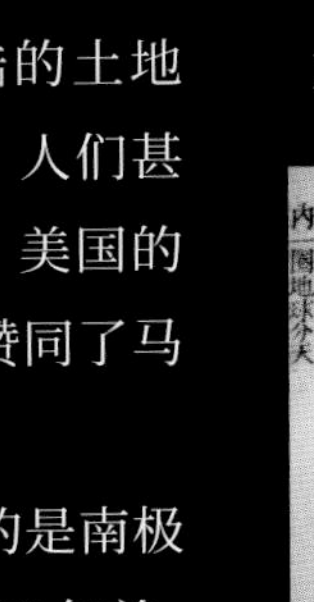

“皮瑞·雷斯地图上描绘的是南极大陆的毛德皇后地，是它在6000年前，被冰雪覆盖之前的样子。”

哈普古德得出的结论是，在公元前4000年，地球上就已经存在能够航海的古文明了。欧帕兹的支持派认为，有人以传说中的史前文明（如亚特兰蒂斯大陆和姆大陆文明等）为模板制作了地图，而皮瑞·雷斯参考了前者绘制出了这张世界地图。欧帕兹的反对派则主张，地图上勾画的海岸线根本就不是南极，只不过是在羊皮卷上画南美洲海岸线时画歪了而已。

毫无疑问，时至今日南极依然是个神秘的地方，依然不断地刺激着人们的好奇心。打开电脑搜索“南极”二字，我们可以看到“2011年，美国科学家在南极发现金字塔”“俄罗斯科学团队在南极的冰底湖——沃斯托克湖发现了纳粹‘卐’标”等煞有介事的新闻报道。

说句题外话，在“圣德太子的地球仪”上，太平洋上还漂着形似姆大陆的陆地呢。

收录于《三才图会》中的世界地图 山海舆地全图。南极大陆的

Q 听说很久以前日本的国土上也生活着企鹅，这是真的吗？

A 在3700万年前—1600万年前，北半球上生活着一种叫“普鲁托翼”的鸟。这种鸟不会飞，靠潜到海中捕食鱼类为生，其化石在世界各地都有发现，日本最多。它体长70厘米以上，大的据说超过2米。从生活方式和外表而言，它与企鹅很接近，但从骨骼来说，它与鲣鸟、海鸬鹚更接近。在日本，这种鸟也被称为“拟企鹅”。不过最近，也有学者发表研究论文说它是企鹅大家庭的一员哟。

可以清楚地看到，普鲁托翼鸟的长脖子形似鸬鹚，脑袋形状酷似企鹅

Q 南极的海水是咸的吗？

A 热带地区的海水因为高温，水分受热不断蒸发，所以盐度相对变大，成了非常咸的海水。不过，在被严寒统治的南极大陆沿岸，也存在着很咸的海水哟！这是因为在表层海水受冻结冰的过程中，只有淡水被冻成了浮冰，盐分被析了出去。析出去的盐分又溶在周围的水中，使得周围的水变成盐分很高的海水。海水盐分增加，密度也跟着变大，于是就往下沉，成为深层洋流，在全世界的海洋中流淌。

表层海水结冰时，盐分高的水不会冻住

Q 如果深层洋流停止了，会怎样？

A 地球之所以能较为稳定地维持在目前这个气温，很大原因是深层洋流在起作用。如果深层洋流减弱或停止，那么会在非常大的范围内引发气温剧变。实际上，在距今约13000年前的亚冰期，因地球气温升高导致部分冰层融化，大量的淡水流入海中，结果深层洋流的力量减弱，使得表层暖流无法到达欧洲，反而使得地球急剧变冷了。在那之后过了1000年，冰期的气温才终于回归之前的水平。现今，地球上的气温不断升高，之前的历史会不会重演呢？我们都很担心。

Q 鲸有多大？

A 目前，世界上可以明确的鲸类中，须鲸有14种，齿鲸有70种，总计84种。其中，最大的是须鲸里的蓝鲸。最大的蓝鲸全长约32米，推测体重有200吨，毫无疑问是个“超级巨汉”。蓝鲸不仅是现存最大的哺乳类动物，同时也是地球史上最大的哺乳类动物。另外，齿鲸中的抹香鲸虽然最长只有18米，但是大脑重达7～8千克，它的脑容量是所有动物中最大的。正因为鲸类大多体型巨大，即使死去，也会对周围的生态环境造成深远影响。沉没在海底的鲸类遗骸周边，总是聚集着甲壳类动物、软体动物、细菌等多种多样的生物，甚至诞生了“鲸骨生物群集”这一全新的生态系统。它们的目标都是鲸类身上的脂肪等有机物。

鲸体格过于巨大，据说围绕其遗骸的“鲸骨生物群集”甚至能存在100年

国内名校校长推荐

这套书一言以蔽之就是“大”：开本大，拿在手里翻阅非常舒适；规模大，有 50 个循序渐进的专题，市面罕见；团队大，由数十位日本专家倾力编写，又有国内专家精心审定；容量大，无论是知识讲解还是图片组配，都呈海量倾注。更重要的是，它展现出的是一种开阔的大格局、大视野，能够打通过去、现在与未来，培养起孩子们对天地万物等量齐观的心胸。

面对这样卷帙浩繁的大型科普读物，读者也许一开始会望而生畏，但是如果打开它，读进去，就会发现它的亲切可爱之处。其中的一个个小版块饶有趣味，像《原理揭秘》对环境与生物形态的细致图解，《世界遗产长廊》展现的地球之美，《地球之谜》为读者留出的思考空间，《长知识！地球史问答》中偏重趣味性的小问答，都缓解了全书讲述漫长地球史的厚重感，增加了亲切的临场感，也能让读者感受到，自己不仅是被动的知识接受者，更可能成为知识的主动探索者。

在 46 亿年的地球史中，人类显得非常渺小，但是人类能够探索、认知到地球的演变历程，这就是超越其他生物的伟大了。

——清华大学附属中学校长

纵观整个人类发展史，科技创新始终是推动一个国家、一个民族不断向前发展的强大力量。中国是具有世界影响力的大国，正处在迈向科技强国的伟大历史征程当中，青少年作为科技创新的有生力量，其科学文化素养直接影响到祖国未来的发展方向，而科普类图书则是向他们传播科学知识、启蒙科学思想的一个重要渠道。

“46 亿年的奇迹：地球简史”丛书作为一套地球百科全书，涵盖了物理、化学、历史、生物等多个方面，图文并茂地讲述了宇宙大爆炸至今的地球演变全过程，通俗易懂，趣味十足，不仅有助于拓展广大青少年的视野，完善他们的思维模式，培养他们浓厚的科研兴趣，还有助于养成他们面对自然时的那颗敬畏之心，对他们的未来发展有积极的引导作用，是一套不可多得的科普通识读物。

——河北衡水中学校长

“46 亿年的奇迹：地球简史”值得推荐给我国的少年儿童广泛阅读。近 20 年来，日本几乎一年出现一位诺贝尔奖获得者，引起世界各国的关注。人们发现，日本极其重视青少年科普教育，引导学生广泛阅读，培养思维习惯，激发兴趣。这是一套由日本科学家倾力编写的地球百科全书，使用了海量珍贵的精美图片，并加入了简明的故事性文字，循序渐进地呈现了地球 46 亿年的演变史。把科学严谨的知识学习植入一个个恰到好处的美妙场景中，是日本高水平科普读物的一大特点，这在这套丛书中体现得尤为鲜明。它能让学生从小对科学产生浓厚的兴趣，并养成探究问题的习惯，也能让青少年对我们赖以生存、生活的地球形成科学的认知。我国目前还没有如此系统性的地球史科普读物，人民文学出版社和上海九久读书人联合引进这套书，并邀请南京古生物博物馆馆长冯伟民先生及其团队审稿，借鉴日本已有的科学成果，是一种值得提倡的“拿来主义”。

——华中师范大学第一附属中学校长

周鹏程

青少年正处于想象力和认知力发展的重要阶段，具有极其旺盛的求知欲，对宇宙星球、自然万物、人类起源等都有一种天生的好奇心。市面上关于这方面的读物虽然很多，但在内容的系统性、完整性和科学性等方面往往做得不够。“46 亿年的奇迹：地球简史”这套丛书图文并茂地详细讲述了宇宙大爆炸至今地球演变的全过程，系统展现了地球 46 亿年波澜壮阔的历史，可以充分满足孩子们强烈的求知欲。这套丛书值得公共图书馆、学校图书馆乃至普通家庭收藏。相信这一套独特的丛书可以对加强科普教育、夯实和提升我国青少年的科学人文素养起到积极作用。

——浙江省镇海中学校长

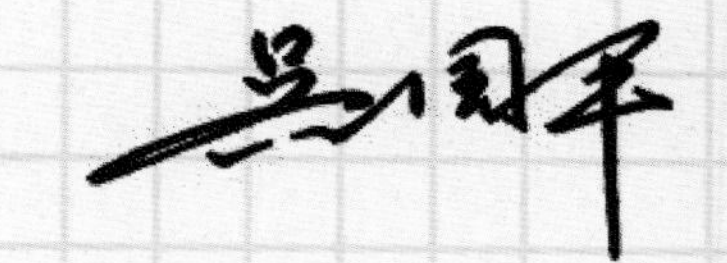

人类文明发展的历程总是闪耀着科学的光芒。科学，无时无刻不在影响并改变着我们的生活，而科学精神也成为“中国学生发展核心素养”之一。因此，在科学的世界里，满足孩子们强烈的求知欲望，引导他们的好奇心，进而培养他们的思维能力和探究意识，是十分必要的。

摆在大家眼前的是一套关于地球的百科全书。在书中，几十位知名科学家从物理、化学、历史、生物、地质等多个学科出发，向孩子们详细讲述了宇宙大爆炸至今地球 46 亿年波澜壮阔的历史，为孩子们解密科学谜题、介绍专业研究新成果，同时，海量珍贵精美的图片，将知识与美学完美结合。阅读本书，孩子们不仅可以轻松爱上科学，还能激活无穷的想象力。

总之，这是一套通俗易懂、妙趣横生、引人入胜而又让人受益无穷的科普通识读物。

——东北育才学校校长

读“46 亿年的奇迹：地球简史”，知天下古往今来之科学脉络，激我拥抱世界之热情，养我求索之精神，蓄创新未来之智勇，成国家之栋梁。

——南京师范大学附属中学校长

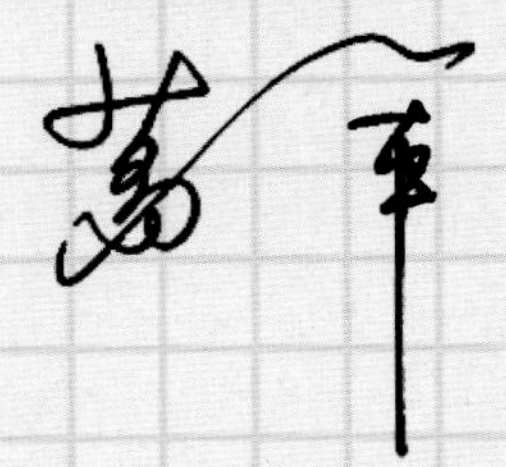

我们从哪里来？我们是谁？我们要到哪里去？遥望宇宙深处，走向星辰大海，聆听 150 个故事，追寻 46 亿年的演变历程。带着好奇心，开始一段不可思议的探索之旅，重新思考人与自然、宇宙的关系，再次体悟人类的渺小与伟大。就像作家特德·姜所言：“我所有的欲望和沉思，都是这个宇宙缓缓呼出的气流。”

——成都七中校长

看到这套丛书的高清照片时，我内心激动不已，思绪倏然回到了小学课堂。那时老师一手拿着篮球，一手举着排球，比画着地球和月球的运转规律。当时的我费力地想象神秘的宇宙，思考地球悬浮其中，为何地球上的江河海水不会倾泻而空？那时的小脑瓜虽然困惑，却能想及宇宙，但因为想不明白，竟不了了之，最后更不知从何时起，还停止了对宇宙的遐想，现在想来，仍是惋惜。我认为，孩子们在脑洞大开、想象力丰富的关键时期，他们应当得到睿智头脑的引领，让天赋尽启。这套丛书，由日本知名科学家撰写，将地球 46 亿年的壮阔历史铺展开来，极大地拉伸了时空维度。对于爱幻想的孩子来说，阅读这套丛书将是一次提升思维、拓宽视野的绝佳机会。

——广州市执信中学校长

这是一套可作典藏的丛书：不是小说，却比小说更传奇；不是戏剧，却比戏剧更恢宏；不是诗歌，却有着任何诗歌都无法与之比拟的动人深情。它不仅仅是一套科普读物，还是一部创世史诗，以神奇的画面和精确的语言，直观地介绍了地球数十亿年以来所经过的轨迹。读者自始至终在体验大自然的奇迹，思索着陆地、海洋、森林、湖泊孕育生命的历程。推荐大家慢慢读来，应和着地球这个独一无二的蓝色星球所展现的历史，寻找自己与无数生命共享的时空家园与精神归属。

——复旦大学附属中学校长

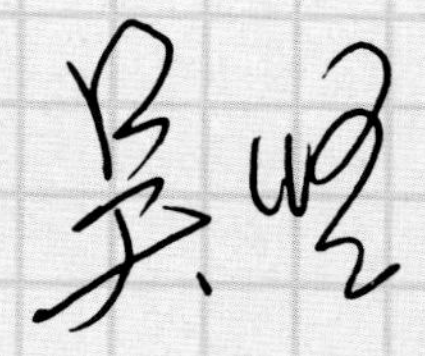

地球是怎样诞生的，我们想过吗？如果我们调查物理系、地理系、天体物理系毕业的大学生，有多少人关心过这个问题？有多少人猜想过可能的答案？这种猜想和假说是怎样形成的？这一假说本质上是一种怎样的模型？这种模型是怎么建构起来的？证据是什么？是否存在其他的假说与模型？它们的证据是什么？哪种模型更可靠、更合理？不合理处是否可以修正、如何修正？用这种观念解释世界可以为我们带来哪些新的视角？月球有哪些资源可以开发？作为一个物理专业毕业、从事物理教育 30 年的老师，我被这套丛书深深吸引，一口气读完了 3 本样书。

学会用上面这种思维方式来认识世界与解释世界，是科学对我们的基本要求，也是科学教育的重要任务。然而，过于功利的各种应试训练却扭曲了我们的思考。坚持自己的独立思考，不人云亦云，是每个普通公民必须具备的科学素养。

从地球是如何形成的这一个点进行深入的思考，是一种令人痴迷的科学训练。当你读完全套书，经历 150 个节点训练，你已经可以形成科学思考的习惯，自觉地用模型、路径、证据、论证等术语思考世界，这样你就能成为一个会思考、爱思考的公民，而不会是一粒有知识无智慧的沙子！不论今后是否从事科学研究，作为一个公民，在接受过这样的学术熏陶后，你将更有可能打牢自己安身立命的科学基石！

——上海市曹杨第二中学校长

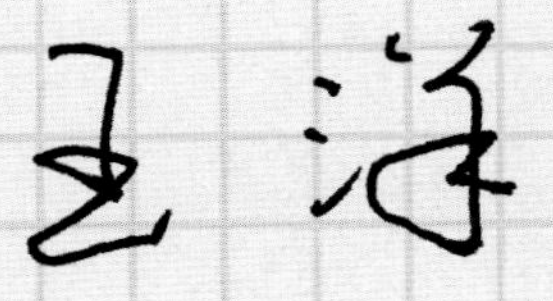

强烈推荐“46 亿年的奇迹：地球简史”丛书！

本套丛书跨越地球 46 亿年浩瀚时空，带领学习者进入神奇的、充满未知和想象的探索胜境，在宏大辽阔的自然演化史实中追根溯源。丛书内容既涵盖物理、化学、历史、生物、地质、天文等学科知识的发生、发展历程，又蕴含人类研究地球历史的基本方法、思维逻辑和假设推演。众多地球之谜、宇宙之谜的原理揭秘，刷新了我们对生命、自然和科学的理解，会让我们深刻地感受到历史的瞬息与永恒、人类的渺小与伟大。

——上海市七宝中学校长

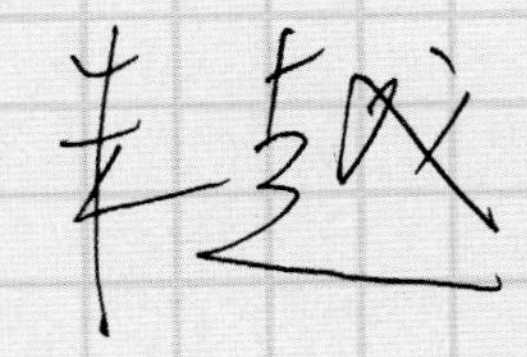

著作权合同登记号 图字01-2020-4508 01-2020-4623 01-2020-4510 01-2020-4509

Chikyu 46 Oku Nen No Tabi 33 Tairyou Zetsumetsu Wo Ikinobita Honyuurui No Daihousan
Chikyu 46 Oku Nen No Tabi 34 Chikaku Daihendou To Doubutsu No Daiyakushin
Chikyu 46 Oku Nen No Tabi 35 "Sekai No Yane" Himalayas Ga Umareta
Chikyu 46 Oku Nen No Tabi 36 Nankyoku Tairiku To Hieyuku Chikyuu

图书在版编目（CIP）数据

显生宙. 新生代. 1 / 日本朝日新闻出版著 ; 贺璐婷等译. -- 北京 : 人民文学出版社, 2021
（46亿年的奇迹：地球简史）
ISBN 978-7-02-016543-8

Ⅰ. ①显… Ⅱ. ①日… ②贺… Ⅲ. ①新生代—普及读物 Ⅳ. ①P534.4-49

中国版本图书馆CIP数据核字(2020)第132942号

总 策 划 黄育海
责任编辑 甘 慧 郁梦非
装帧设计 汪佳诗 钱 珺 李 佳 李苗苗

出版发行 人民文学出版社
社　　址 北京市朝内大街166号
邮政编码 100705
网　　址 http://www.rw-cn.com

印　　制 上海利丰雅高印刷有限公司
经　　销 全国新华书店等

字　　数 292千字
开　　本 965×1270毫米 1/16
印　　张 8.75
版　　次 2021年1月北京第1版
印　　次 2021年1月第1次印刷

书　　号 978-7-02-016543-8
定　　价 100.00 元

如有印装质量问题，请与本社图书销售中心调换。电话：010-65233595